Hans Schnitzer

Grundlagen der Stoff- und Energiebilanzierung

Mit 93 Abbildungen, 9 Tabellen
und zahlreichen durchgerechneten Beispielen

Der Verlag Vieweg ist ein Unternehmen der Verlagsgruppe Bertelsmann International.

Alle Rechte vorbehalten
© Friedr. Vieweg & Sohn Verlagsgesellschaft mbH, Braunschweig 1991

Das Werk einschließlich aller seiner Teile ist urheberrechtlich geschützt. Jede Verwertung außerhalb der engen Grenzen des Urheberrechtsgesetzes ist ohne Zustimmung des Verlags unzulässig und strafbar. Das gilt insbesondere für Vervielfältigungen, Übersetzungen, Mikroverfilmungen und die Einspeicherung und Verarbeitung in elektronischen Systemen.

Umschlaggestaltung: Schrimpf und Partner, Wiesbaden
Druck und buchbinderische Verarbeitung: Lengericher Handelsdruckerei, Lengerich
Printed in Germany

ISBN 3-528-04794-1

Inhaltsverzeichnis

Verzeichnis der Beispiele VIII
Verzeichnis der Tabellen XI
Verzeichnis der Abbildungen XII
Nomenklatur XV
Griechische Symbole XVI

Vorwort XVII

1. Einleitung 1

2. Grundbegriffe der Anlagenplanung 9
   2.1 Fließbilder 9
       2.1.1 Das Grundfließbild 9
       2.1.2 Das Verfahrensfließbild 11
       2.1.3 Das RI-Fließbild 17
   2.2 Die Verfahrensstufe 19
   2.3 Betriebsweisen 20
       2.3.1 Kontinuierlicher Betrieb 20
       2.3.2 Diskontinuierlicher Betrieb 24
       2.3.3 Kombinierte Arbeitsweise 26
   2.4 Die Darstellung von Bilanzen 26
   2.5 Die SI-Einheiten 28

3. Grundlagen der Anlagenbilanzierung 31
   3.1 Erhaltungssätze 31
       3.1.1 Das Massenerhaltungsgesetz 34
       3.1.2 Das Energieerhaltungsgesetz 38
       3.1.3 Das Impulserhaltungsgesetz 42
       3.1.4 Entropie- und Exergiebilanzen 43
   3.2 Konzentrationsmaße 46
   3.3 Stöchiometrie und Mole 52
       3.3.1 Molekül und Reaktion 52
       3.3.2 Atom- und Molekülmassen 53
   3.4 Rechnen mit Dimensionen 54

4. Stoffbilanzen in stationären Systemen ohne chemische Umwandlung ... 56
4.1 Stoffbilanzen auf Basis Mengenangaben und Zusammensetzungen ... 56
4.2 Stoffbilanzen auf Basis zusätzlicher Informationen ... 65
4.3 Freiheitsgrade bei Massenbilanzen ... 71
4.4 Systeme aus mehreren Grundeinheiten ... 73
4.5 Recycle und Bypass ... 81
4.6 Durchziehen einer Menge ... 95
4.7 Durchziehen eines Splitters ... 95
4.8 Analytische Darstellung von mehrstufigen Bilanzproblemen ... 99
4.9 Differenzielle Stoffbilanzen ... 102
4.10 Zusammenfassung ... 107

5. Instationäre Stoffbilanzen ohne chemische Umwandlung ... 108
5.1 Pseudostationäre Behandlung ... 108
5.2 Berücksichtigung der Zeitabhängigkeit ... 111
5.3 Zusammenfassung ... 121

6. Stationäre Stoffbilanzen mit chemischer Umwandlung ... 122
6.1 Molekülbilanzen bei chemischer Reaktion ... 123
    6.1.1 Zusammengesetzte Systeme mit einzelnen Reaktionen ... 128
    6.1.2 Systeme mit mehreren Reaktionen ... 135
    6.1.3 Die lineare Abhängigkeit von Reaktionsgleichungen ... 140
    6.1.4 Folgereaktionen ... 145
6.2 Bilanzierung über Atommengen ... 148
    6.2.1 Freiheitsgrade bei Atombilanzen ... 151
    6.2.2 Zusammengesetzte Systeme ... 152
6.3 Herleitung stöchiometrischer Faktoren ... 157
6.4 Gleichgewichtsreaktionen ... 158
6.5 Bilanzierung idealer Reaktoren mit Hilfe der Reaktionsgeschwindigkeit ... 158
    6.5.1 Reaktionen im idealen diskontinuierlichen Rührkessel ... 161
    6.5.2 Reaktionen im idealen kontinuierlichen Rührkessel ... 163
    6.5.2 Reaktionen im idealen Strömungsrohr ... 164
    6.5.3 Kaskade idealer Reaktoren ... 167
6.6 Zusammenfassung ... 169

7. Grundlagen der Energiebilanzierung ... 170

8. Energiebilanzen bei Systemen ohne chemische Reaktion ... 174
8.1 Geschlossene Systeme ... 174
8.2 Offene Systeme ... 177

8.3 Analyse der Freiheitsgrade 184
8.4 Zusammenfassung 184

9. Wärmebilanzen im stationären System mit chemischer Reaktion 185
9.1 Berechnungen mit Reaktionsenthalpien 185
9.2 Berechnungen mit Bildungsenthalpien 188
9.3 Verbrennungsreaktionen 192
9.4 Zusammenfassung 196

10. Rechnergestützte Bilanzierung 197

11. Literaturverzeichnis 205

Anhänge
A1. SI-Einheiten 206
A2. Umrechnungstabellen 210
A3. Einige wichtige physikalische Konstanten 211
A4. Bildungsenthalpien ausgewählter Stoffe 212
A5. Wärmeinhalte ausgewählter Stoffe 214

Verzeichnis der Beispiele

Kapitel 1
1.1   Zellstoffabrik   1
1.2   Ethylenglykol-Prozeß   4
1.3   Ethylenglykol-Prozeßstudie   6

Kapitel 2
2.1   Ethylenglykol-Herstellung   10
2.2   Ethylenglykol-Herstellung   10
2.3   Absorptionswärmepumpe – Verfahrensfließbild   11
2.4   Absorptionswärmepumpe – Verfahrensfließbild   14
2.5   Darstellung von Stromdaten   16
2.6   RI-Schema einer Absorptionswärmepumpe   19
2.7   Mischungszustände   21
2.8   Zustände im idealen Rührkessel   25
2.9   Stromtabelle für Absorptionswärmepumpe   26
2.10 Sankey-Diagramm für Absorptionswärmepumpe   28

Kapitel 3
3.1   Methanverbrennung   31
3.2   Behälterüberlauf   34
3.3   Leerlaufen eines Behälters   35
3.4   Oxidation von H_2   36
3.5   Energiebilanz eines Elektromotors   41
3.6   Entropiebilanz der Erde   44
3.7   Sankey-Diagramme   45
3.8   Konzentrationsumrechnung in einem Gasstrom   49
3.9   Verbrennung von Butan   52
3.10 Addition von Energieströmen   54

Kapitel 4
4.1   Verdampferanlage   57
4.2   Verdampferanlage   61
4.3   Konzentration von Abfallsäure   62
4.4   Trennkolonne   65
4.5   Solventextraktion   68
4.6   Destillationsanlage   72

Verzeichnis der Beispiele

4.7	Eindampfanlage	72
4.8	Trennkette	74
4.9	Trennkette	79
4.10	Trennkette	79
4.11	Vierstufeneindampfung	80
4.12	Trockner mit Luftrückführung	82
4.13	Bypass-Berechnung	86
4.14	TiO_2-Wäsche	88
4.15	Kristallisationsanlage	90
4.16	Alkoholwäsche	93
4.17	Preßspanplattenherstellung	96
4.18	Gegenstromwäscher	100
4.19	Mehrstufige Trenneinheit mit Rücklauf	101
4.20	Fallfilmabsorber	102

Kapitel 5

5.1	Batchdestillation	109
5.2	Auswaschen einer Salzlösung	112
5.3	Lösen von Salz	116
5.4	Auflöseprozeß mit veränderlicher Lösegeschwindigkeit	119

Kapitel 6

6.1	Lichtbogenpyrolyse	124
6.2	Lichtbogenpyrolyse	125
6.3	Herstellung von Ammoniak-Einsatzgas	126
6.4	Herstellung von Methyljodid	128
6.5	Herstellung von Tetrachlorkohlenstoff	132
6.6	Schwefelsäureherstellung	135
6.7	Pyritröstung	140
6.8	Synthesegasherstellung	142
6.9	Dehydrierung von Butan	143
6.10	Salpetersäure aus Ammoniak	145
6.11	Dehydrierung von Propan	149
6.12	Harnstoffsynthese	151
6.13	Verbrennung chlorierter Kohlenwasserstoffe	152
6.14	Oxidation von Methanol	157
6.15	Diskontinuierliche Polymerisation von Styrol	161
6.16	Kontinuierliche Polymerisation im Rührkessel	163
6.17	Kontinuierliche Polymerisation im Idealreaktor	166
6.18	Kontinuierliche Polymerisation in einer Kaskade	168

Kapitel 7

7.1	Verbrennung von Kohlenstoff	171

Kapitel 8
8.1 Kompressionswärmepumpe 174
8.2 Rauchgaswäsche 177
8.3 Freiheitsgrade der Rauchgaswäsche 184

Kapitel 9
9.1 Umrechnung von Reaktionswärmen 187
9.2 Berechnung der Reaktionsenthalpie 188
9.3 Wärmebilanz eines Schachtofens 189
9.4 Partielle Oxidation von Benzin 193

Kapitel 10
10.1 Destillation eines Lösungsmittelgemisches 200

Verzeichnis der Tabellen

Kapitel 2
2.1 Größen und Einheiten im SI-System 29
2.2 Vorsilben zur Bildung von Vielfachen und Teilen im SI-System . 30

Kapitel 3
3.1 Verschiedene Konzentrationsmaße 50
3.2 Lösung zu Beispiel 3.7 51

Kapitel 4
4.1 Tabellarische Darstellung des Ergebnisses von Beispiel 4.1 59
4.2 Strommatrix zur Lösung der Säureaufkonzentration 64
4.3 Ergebnisse zur Trennkolonne 68

Kapitel 8
8.1 Dampftafel für R12 179

Kapitel 9
9.1 Vorzeichengebung bei Reaktionsenthalpien 186

Verzeichnis der Abbildungen

Kapitel 1
1.1 Ein- und Austrittsströme bei der Zellstoffabrikation 1
1.2 Zweistufiger Prozeß zur Herstellung von Glykol 4
1.3 Prozeß zur Ethylenglykol-Herstellung 5
1.4 Berechnungsablauf bei der Stoffbilanzierung 8

Kapitel 2
2.1 Grundfließbild der Ethylenglykol-Herstellung mit Sollinformation   10
2.2 Grundfließbild der Ethylenglykol-Herstellung mit Soll- und Kanninformation 11
2.3 Verfahrensfließbild einer Absorptionswärmepumpe mit Sollinformation 13
2.4 Verfahrensfließbild einer Absorptionswärmepumpe mit Soll- und Kanninformation 15
2.5 Angabe von Druck, Temperatur, Massenstrom, Dichte und Phasenzustand eines Stoffstromes 16
2.6 Darstellung der Daten eines zweiphasigen Stromes in drei Betriebszuständen 17
2.7 RI-Fließbild einer Absorptionswärmepumpe 18
2.8 Definition einer Verfahrensstufe 19
2.9 Schematische Darstellung der kontinuierlichen Betriebsweise (einphasige Systeme) 22
2.10 Schematische Darstellung des Gleichstrombetriebes 22
2.11 Schematische Darstellung des Gegenstrombetriebes 22
2.12 Schematische Darstellung des Kreuzstrombetriebes 22
2.13 Schematische Darstellung der diskontinuierlichen Betriebsweise . 25
2.14 Stromtabelle aus einem Verfahrensfließbild 26
2.15 Sankey-Diagramm des Energieflusses einer Absorptionswärmepumpe 27

Kapitel 3
3.1 Grundfließbild – Behälter mit Überlauf 35
3.2 Grundfließbild – Oxidation von H_2 37
3.3 Energieströme bei einem Strömungsvorgang 40
3.4 Energieströme der Erde 44
3.5 Sankey-Diagramm für Energie, Entropie und Exergie 46
3.6 Dreiecksdiagramm 51

Verzeichnis der Abbildungen   XIII

Kapitel 4
4.1 Blockfließbild einer Verdampferanlage 57
4.2 Sankey-Diagramm des Wasserflusses in einer Anlage nach
     Beispiel 4.1 60
4.3 Berechnungsfließbild zur Säureaufkonzentration 62
4.4 Berechnungsfließbild zur Trennkolonne 66
4.5 Fließbild zur Solventextraktionsanlage 69
4.6 Fließbild zur Eindampfanlage 73
4.7 Destillationsanlage aus zwei Trennkolonnen 74
4.8 Destillationsanlage für ein ternäres Gemisch 75
4.9 Trennkette im Dreiecksdiagramm 77
4.10 Bilanzkreise um vier Grundeinheiten 78
4.11 Fließbild der Zuckerwasser-Eindickung 80
4.12 Verfahren mit Recycle 81
4.13 Verfahren mit Bypass 81
4.14 Fließbild zur Trocknung 83
4.15 Fließbild zur Bypassberechnung 87
4.16 Fließbild zur TiO_2-Wäsche 89
4.17 Fließbild einer Kristallisationsanlage 90
4.18 Fließbild zur Alkoholwäsche 93
4.19 Blockfließbild einer Preßspanplattenherstellung 96
4.20 Berechnungsfließbild der Preßspanplattenherstellung 97
4.21 Allgemeines Fließbild eines mehrstufigen Bilanzproblemes . . . 99
4.22 Mehrstufiges Trennproblem mit Rücklauf 101
4.23 Fallfilmabsorber 103
4.24 Differentielles Element am Film 104
4.25 Konzentrationsverlauf im Fallfilm 105
4.26 Konzentrationszunahme des Wassers im Fallfilm 106

Kapitel 5
5.1 Batchprozesse als pseudostationäre Einheit 109
5.2 Fließbild zur Etac-Destillation 110
5.3 Fließbild eines Rührkesselprozesses 113
5.4 Zunahme der Salzkonzentration im Behälter 115
5.5 Lösevorgang im Rührkessel 117
5.6 Konzentrationszunahme beim Auflöseprozeß 121
5.7 Zeitliche Veränderung der Partikeloberfläche bei der Auflösung . 121

Kapitel 6
6.1 Fließbild zum Beispiel Ammoniak-Einsatzgas 127
6.2 Blockfließbild zur Methyljodidanlage 129
6.3 Berechnungsfließbild zur Methyljodidanlage 130
6.4 Schema der CCl_4-Herstellung 132
6.5 Berechnungsfließbild zur CCl_4-Herstellung 133
6.6 Blockfließbild des Schwefelsäureprozesses 136

6.7	Berechnungsfließbild des Subsystems Röstofen	137
6.8	Berechnungsfließbild des Subsystems Katalysator	139
6.9	Blockfließbild der Butan-Dehydrierung	143
6.10	Berechnungsfließbild für die Dehydrierung von Butan	144
6.11	Berechnungsfließbild der Salpetersäureherstellung	146
6.12	Fließbild der Propan-Dehydrierung	149
6.13	Fließbild der Harnstoffsynthese	151
6.14	Blockfließbild zur Verbrennung chlorierter Kohlenwasserstoffe	153
6.15	Berechnungsfließbild zur Verbrennung chlorierter Kohlenwasserstoffe	154
6.16	Grundtypen idealer Reaktoren	160
6.17	Strömungsverhältnisse im idealen Rohrreaktor	160
6.18	Zeitlicher Verlauf der Styrolkonzentration	162
6.19	Idealer kontinuierlicher Rührkessel	163
6.20	Der ideale Rohrreaktor als Kaskade	164
6.21	Zur Massenbilanz am differentielen Element	165
6.22	Kaskade idealer Reaktoren	167
6.23	Styrolkonzentration in den Reaktoren der Kaskade	168

Kapitel 7

7.1	Reaktionswege der vollständigen Oxidation von Kohlenstoff	172
7.2	Temperaturabhängigkeit der Enthalpie von Wasser	172

Kapitel 8

8.1	Mollier h/lg p Diagramm für R12	175
8.2	Fließbild der Kompressionswärmepumpe	176
8.3	Wärmepumpenprozeß im Mollier-Diagramm	178
8.4	Verfahrensschema zur Rauchgaswäsche	180
8.5	Graphische Ermittlung der Austrittstemperatur	183

Kapitel 9

9.1	Schachtofen zur CO_2-Herstellung	190
9.2	Vergasung von Benzin	193
9.3	H-T-Diagramm zur Ermittlung der adiabaten Flammentemperatur	195

Kapitel 10

10.1	Destillation eines Dreistoffgemisches (Verfahrensschema)	201
10.2	Destillation eines Dreistoffgemisches (Dreiecksdiagramm)	202

Nomenklatur

b	Bildungszahl	kmol/s
c	Lichtgeschwindigkeit	m/s
c_i	Konzentration der Komponente i	kmol/m^3
e	spezifische Energie	J/kg
E	Energie	J
F	Kraft	N
FG	Freiheitsgrade	–
g	Fallbeschleunigung	m/s^2
H	Enthalpie	J
J	Impuls	kg m/s
m	Masse	kg
$\dot{m}$	Massenstrom	kg/s
$\tilde{M}$	Molmasse	–, kg/kmol
n	Molzahl	kmol
$\dot{n}$	Molenstrom	kmol/s
N	Leistung	W, s/s
NW	Nennweite	mm
p	Druck	Pa
Q	Wärmemenge	J, Ws
$\dot{Q}$	Energiestrom, Wärmeleistung	W
r_i	Reaktionsgeschwindigkeit	unterschiedlich
R	Gaskonstante	Nm/kmol K
S	Entropie	J/K
SV	Anzahl der Stromvariable	–
T	Temperatur	°C, K
U	innere Energie	J
v	Geschwindigkeit	m/s
V	Volumen	m^3
$\dot{V}$	Volumenstrom	m^3/s
W	Arbeit	J, Ws
w_i	Massenbruch	–
W_i	Massenbeladung	–
x_i	Molenbruch	–
X_i	Molbeladung	–
y_i	Molenbruch in der Gasphase	–
z	Höhe	m

Griechische Symbole

ε	Leistungszahl	–
ϕ	Wärmeverhältnis	–
ρ	Dichte	kg/m³
ν	stöchiometrischer Faktor	–
τ	Einwirkzeit	s

Vorwort

Dieses Buch beschäftigt sich mit der Bilanzierung von Stoff- und Energieströmen in verfahrenstechnischen Systemen und soll mithelfen, den großen Sprung von der Formulierung der Erhaltungssätze für Energie und Masse zur komplexen Aufgabenstellung des Technikers beim Erstellen und Lösen von Bilanzen ganzer Industrieanlagen zu überwinden. Der Schwerpunkt der Ausführungen liegt bei der händischen Durchrechnung der Systeme ohne Rückgriff auf EDV-gestützte Methoden. In einigen Fällen wird es zur effektiveren Berechnung sinnvoll sein, Rechner zu benutzen, jedoch als Hilfe zur Gleichungslösung und nicht zur Problemlösung.

In diesem Sinne stellt dieses Buch eine Ergänzung zum Trend dar, der in Richtung des Einsatzes größerer, allgemein anwendbarer EDV-Programmsysteme geht. Solche Programmsysteme werden von vielen Firmen mit ausgezeichneten Handbüchern angeboten und auch in Universitäten im Rahmen der Ausbildung der Verfahrenstechniker und Chemieingenieure verwendet.

Diese ungemein wertvollen Entwurfshilfen – die nun schon viel mehr sind als „elektronische Rechenschieber" – verführen aber auch zum leichtfertigen Umgang mit Problemen. Sowohl für den Studierenden als auch für den Fachmann im Betrieb ist es aber äußerst wichtig, neben den exakten numerischen Ergebnissen Begriffe für das Zusammenwirken der Parameter zu besitzen.

Darüber hinaus erfordern viele Simulationsprogramme vernünftige Startwerte und vor allem eine lösbare Problemstellung. Die händische Vorrechnung der wichtigsten Größen ist hier eine große Hilfe, die bei der exakten Simulation viel Zeit und damit auch viel Geld sparen kann. Ebenso ist immer eine Plausibilitätskontrolle der Ergebnisse wichtig und man kann sich nun – befreit von der Arbeit des numerischen Rechners – vermehrt um die Systemzusammenhänge zu kümmern.

In der vorliegenden Arbeit soll versucht werden, eine durchgehende Entwicklung über Bilanzierungsprobleme verschiedener Komplexizität darzustellen. Dies geschieht in der Hoffnung, daß nicht nur der Studierende einen geordneten Einstieg in die Materie findet, sondern vor allem auch, daß Techniker verschiedenster Ausbildung in der Praxis sich die Denkweise des Verfahrenstechnikers anzueignen vermögen.

Die hier verfolgte Methode des Bilanzierens eignet sich auch für die Nachrechnung von Anlagen, von welchen Meßwerte existieren. In einem derartigen Fall geht es darum, auf Basis von mit Meßfehlern behafteten Daten einen Bilanzausgleich vorzunehmen, um den Fluß aller Substanzen zu erhalten, die den geringsten mathematischen Fehler ergeben.

Dieser Bilanzierung bestehender Anlagen wird in naher Zukunft große Bedeutung zukommen, wenn das Erstellen von sogenannten „Ökobilanzen" zur Ermittlung vom Verbleib und Verlauf kritischer Substanzen ein Werkzeug des aktiven Umweltschutzes werden wird. Nachweis über Verwendung und Entsorgung von Stoffen kann nur über Bilanzlegung der Ein- und Ausgänge in Verbindung mit den entsprechenden Analysewerten konsistent und belegbar erfolgen (Ökobuchhaltung, environmental auditing).

Dieser Nachweispflicht kann man nur dann, wenn es sich um klassische chemische Prozesse handelt, mittels Simulationsprogrammen effektiv nachkommen. Bei allen anderen Produktionsprozessen, bei denen Produktionsschritte vorkommen, die nicht oder schwierig mathematisch beschreibbar sind, ist man mit Bilanzrechnungen im Vorteil. Dies gilt bereits für so einfache Teilschritte wie den Zusammenbau von Teilen.

Ein Problem, das bei den Massenbilanzen noch nicht gelöst ist, ist das der Bewertung der Substanzen. Während innerhalb der Thermodynamik mit dem „Ersten Hauptsatz" die Grundlagen für die Bilanzierung und dem „Zweiten Hauptsatz" die Voraussetzungen für die Bewertung gegeben sind, fehlt Analoges in der Stoffwirtschaft. Ansätze, den Entropiebegriff und die Reversibilität in die Beschreibung aufzunehmen, stehen noch so am Anfang, daß sie in diesem Buch nicht aufgenommen wurden.

Es liegt mir am Herzen, hier an dieser Stelle meinem Institutsvorstand, Prof. Dr. F. Moser, dafür zu danken, daß es durch ihn den Mitarbeitern möglich ist, sich auch über längere Zeiträume hinweg grundsätzlichen Arbeiten zu widmen. Mein Dank gilt auch ehemaligen und aktiven Kollegen am Institut, die einige Beispiele erdacht und gesammelt haben, die in diesem Buch verwendet wurden. Die Namen von Dipl.-Ing. B. Kögl und Doz. Dr. H. Huemer mögen stellvertretend für alle stehen. Großen Anteil am Gelingen dieses Buches haben auch Gabi Graßmugg und Peter Sucher, die für Text und Bild sorgten.

Ich hoffe, daß diese Arbeit dazu mithilft, einen systematischen Zugang zum Erstellen von Bilanzen zu finden und damit dazu beiträgt, daß Rohstoffe und Energie effektiver, wirtschaftlicher und mitweltschonender verwendet werden.

Graz, im Oktober 1990 *H. Schnitzer*

Kapitel 1   Einleitung

Das Ziel dieses Buches liegt darin, Methoden aufzuzeigen, die eine effektive Erstellung und Lösung von Bilanzen für Stoff und Energie für Prozesse der chemischen Industrie ermöglichen. Die Erstellung von Bilanzen, bzw. die bewußte Berücksichtigung der Erhaltungssätze für Stoff und Energie[1] gibt in vielen Fällen eine zusätzliche Aussage bei der Beurteilung von Prozessen. Dies soll an Hand einiger Beispiele erläutert werden.

Beispiel 1.1: Zellstoffabrik

Ein Betrieb erzeugt aus Holz und Chemikalien Zellstoff. Hierbei werden Abwässer und Abgase abgegeben. Wie groß ist die Menge des in die Umwelt gelangenden Schwefels?

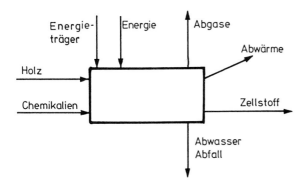

Abb. 1.1:   Ein- und Austrittsströme bei der Zellstoffabrikation

Lösung:

Schwefel wird dem Prozeß durch Chemikalien und eventuell durch Energieträger (Kohle, Öl) zugeführt; der S-Anteil des Holzes ist vernachlässigbar. Der Schwefel verläßt den Betrieb vorwiegend in den Abgasen, da der S-Gehalt des Zellstoffes und des Abwassers sehr gering ist und vernachlässigt werden kann. Folglich ist praktisch die gesamte Menge an Schwefel im Abgas (SO_2, SO_3 und eventuell Geruchsstoffe) enthalten. Menge und S-Gehalt der Chemikalien ist einfach zu

---

[1] Die Umwandlung von Materie und Energie durch kernphysikalische Vorgänge wird in dieser Arbeit nicht betrachtet.

erfassen, ebenso der der Energieträger. Die Menge des emittierten Schwefel ist somit ohne Messung der Abgasmenge und deren Zusammensetzung abschätzbar und entspricht der Menge an zugekauftem Schwefel.

Die Erstellung von Bilanzen für einzelne Substanzen (Schwermetalle, Lösungsmittel, usw.) wird in den nächsten Jahren durch ein gesteigertes Umweltbewußtsein an Bedeutung gewinnen. Der Nachweis über die Entsorgung kritischer Chemikalien über die Einhaltung von Grenzwerten und die Vernichtung nicht entsorgbarer Substanzen kann oft nur, oder zumindest vorteilhaft, über Bilanzierungen geführt werden. Die Buchführungspflicht bei der Verwendung umweltgefährdender Stoffe wird bereits heute diskutiert. Die Erstellung von Energieflußbildern, als ein besonderes Beispiel der Bilanzierung, hat schon in der Vergangenheit in vielen Betrieben zu einem wesentlich erweiterten Blickwinkel bei der Verwendung der Energie geführt. Es ist zu erwarten, daß dies auch bei vielen Stoffen geschehen wird.

Die Aufgabe des Verfahrenstechnikers

Der Verfahrenstechniker hat im wesentlichen zwei Aufgaben zu erfüllen:

– *Entwicklung und Entwurf* von Verfahren zur Umwandlung von Rohmaterialien mit Hilfe von Energie in die gewünschten chemische Produkte, und
– *Betrieb und Verbesserung* bestehender Anlagen im Hinblick auf Sicherheit, Verfügbarkeit, Wirtschaftlichkeit und Umweltverträglichkeit.

Der *Entwurf* beinhaltet

– die Erstellung des besten Ablaufes verschiedener Stufen chemischer und physikalischer Umwandlungen,
– die Festlegung der Betriebsbedingungen (Drücke, Temperaturen, Konzentrationen, ...), unter denen die Umwandlungen ablaufen sollen, sowie
– die Auswahl der Betriebsmittel (Chemikalien, Energieträger, ...) und
– die Entsorgung der angefallenen unerwünschten Nebenprodukte.

Das Arbeitsgebiet des Entwurfsingenieurs beginnt somit bei den Versuchsapparaturen des Chemikers im Labor und endet mit der Festlegung der Abmessungen des Apparates in der Produktionsanlage. Dort übernimmt der Apparate- und Maschinenbauer die Dimensionierung der mechanischen Einrichtungen.

Wesentlich für die ordnungsgemäße Bilanzierung der Anlage sind folgende Informationen:

– Genaue Spezifikation der Produkte
– Genaue Angabe der geforderten Produktmengen
– Angaben über die Qualität der Rohstoffe
– Angaben über verfügbare Hilfsstoffe (Kühlwasser, Energie ...)
– Beschreibung des Verfahrens.

Auf Basis dieser Daten kann ein Verfahren berechnet, verändert und optimiert werden. Für die Optimierung sind darüber hinaus noch Angaben über Rohstoff-

1 Einleitung

und Produkt*preise* sowie die *Kosten* der Apparate und der Hilfsmittel erforderlich. Diese sind oft schwierig zu erhalten, besonders wenn es sich um ein Produkt handelt, das neu in den Markt eingeführt werden soll. Dann ist weder die Größe des Absatzes (entspricht der Produktionsleistung) noch der erzielbare Preis genau bekannt. In diesen Fällen wird oft eine möglichst billige Anlage gewählt, die dann zwangsläufig mit Roh- und Hilfsstoffen schlecht haushält, dafür aber das Risiko einer Fehlinvestition minimiert.

Da es heute eine unüberschaubare Zahl verfahrenstechnischer Prozesse gibt, ist man allgemein davon abgegangen Technologien zu lehren und zu berechnen. In der Verfahrenstechnik besteht heute anerkannt das Konzept der „Unit Operations". Dieses Konzept sieht folgendes vor:

- Beschreibung und Berechnung der immer wiederkehrenden „Verfahrenstechnischen Grundoperationen" (Unit Operations oder Verfahrensstufen), und
- Zusammenschaltung der Grundoperationen zu einem System durch Kenntnis der Verfahrenstechnologie (Systemverfahrenstechnik).

Verfahrensstufen, die in der Verfahrenstechnik immer wieder gleichsam als Bausteine eines Herstellungsprozesses vorkommen, sind z.B. Pumpen, Separatoren, Eindampfer, Trockner, Vereiniger und Mischer.

Die Berechnung der Unit-Operations und des Verfahrens gehen natürlich Hand in Hand. Die Verfahrensbilanz muß den einzelnen Stufen Parameter vorgeben, die zur Auslegung benötigt werden (z.B. Mengen, Konzentrationen oder Temperaturen), im Gegenzug erhält sie von dort Angaben über erreichte Zustände, Betriebsmittelverbräuche usw. Die Auslegung der Grundoperationen geht in viele Wissensgebiete hinein, wie Thermodynamik, Strömungslehre, Wärmeübertragung, physikalische Chemie, Reaktionstechnik und viele andere.

Es ist in diesem Zusammenhang zu betonen, daß eine Optimierung einzelner Grundoperationen innerhalb einer Anlage nicht zu einer Optimierung des Gesamtsystems führen wird. In diesem Sinne ist es korrekter, bei Teilsystemen von Maximierung bzw. Minimierung von Parametern zu sprechen. Der Begriff OPTIMIERUNG ist dem Auffinden von Extremwerten wirtschaftlicher Parameter vorbehalten und kann sich nur auf das Gesamtsystem beziehen.

Die Aufgaben des *Betriebsingenieurs* beinhalten

- das Auffinden und Beseitigen von Schwachstellen in Verfahren,
- das Verbessern der Betriebsweise,
- die Erhöhung der Sicherheit und Verfügbarkeit der Anlage,
- die Modifikation der Anlage bei geänderten Rohstoff- oder Produktspezifikationen und
- die Anpassung des Verfahrens an geänderte wirtschaftliche, rechtliche oder ökologische Randbedingungen.

Hierbei ist es nötig, daß der Verfahrenstechniker die Betriebsdaten richtig interpretieren kann und gegebenenfalls die fehlenden Daten erheben läßt. Der Betriebsingenieur muß also in der Lage sein, auf Grund erhobener Basisdaten Aktionen zu setzen.

Die folgenden Beispiele sollen dies veranschaulichen:

Beispiel 1.2: Ethylenglykol-Prozeß[2]

Die wichtige Chemikalie Ethylenglykol (HO-CH$_2$-CH$_2$-OH), der einfachste zweiwertige Alkohol, ein Frostschutzmittel, wird durch die Reaktion von Ethylenoxid C$_2$H$_4$O mit Wasser in der Flüssigphase gewonnen. Das Ethylenoxid wird als Zwischenprodukt durch die partielle Oxidation von Ethylen gewonnen. Diese Gasphasenreaktion findet bei geringen Temperaturen an einem Silberkatalysator statt. Die Bildung des Oxides ist jedoch von der Bildung von CO$_2$ und H$_2$O begleitet. Basierend auf experimentellen Labordaten über die Ausbeuten an C$_2$H$_4$O und CO$_2$ sowie auf Basis bekannter Eigenschaften der vorkommenden Substanzen, ist es nun die Aufgabe des Verfahrenstechnikers den Prozeß zu entwerfen. Abb. 1.2 zeigt das Grundfließbild des Verfahrens.

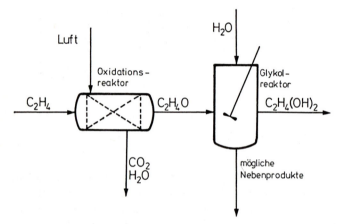

Abb. 1.2: Zweistufiger Prozeß zur Herstellung von Glykol

Lösung:

Auf Grund der Laborversuche weiß man, daß die Konzentration von C$_2$H$_4$ und O$_2$ bei der Oxidation gering sein müssen, um möglichst wenig CO$_2$ zu produzieren. Der Stickstoff der Luft fungiert in dieser Hinsicht verdünnend. Zusätzlich wird der Anteil C$_2$H$_4$, der reagieren darf, gering gehalten. Folglich entsteht verdünntes C$_2$H$_4$O, das auch C$_2$H$_4$ und O$_2$ sowie CO$_2$, H$_2$O und N$_2$ enthält. Diese Substanzen müssen abgetrennt werden. Das C$_2$H$_4$O wird für den Glykolreaktor möglichst rein benötigt. Das nicht umgesetzte C$_2$H$_4$ und der Sauerstoff sollte in den Oxidationsreaktor rückgeführt werden, während CO$_2$ und N$_2$ als Abfallprodukt abgeblasen werden soll.

---

2   Dieses Beispiel ist, wie einige weitere, [1] entnommen.

1 Einleitung

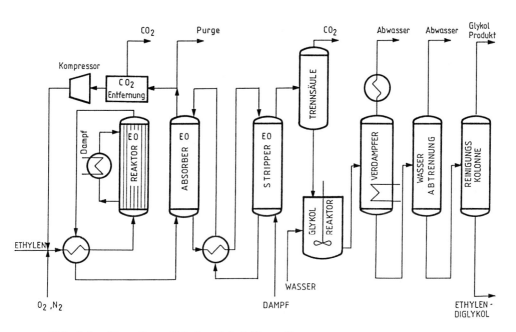

Abb. 1.3: Prozeß zur Ethylenglykol-Herstellung

Abb. 1.3 zeigt ein mögliches Prozeßschema. Es besteht aus Symbolen, welche die *Prozeßstufen* und den Verbindungslinien, die Rohrleitungen und Transportwege darstellen, welche die Stoffe von einem Apparat zum nächsten führen. Man bezeichnet diese allgemein als *Ströme* und diese werden durch die Menge, die Zusammensetzung, den Druck, die Temperatur und den Aggregatzustand beschrieben. Die Darstellung in Abb. 1.3 wird allgemein als „Fließbild" (flowsheet) bezeichnet. Näher wird auf diese Darstellungsweise in Kap. 2 eingegangen.

Der Strom, der den Oxidationsreaktor verläßt, wird durch den eintretenden Ethylenstrom gekühlt, der seinerseits dabei erwärmt wird. Anschließend tritt er in den Absorber, wo C_2H_4O und ein Teil des CO_2 von den übrigen Substanzen getrennt wird. Dies geschieht durch Waschen mit kaltem Wasser und beruht auf der höheren Löslichkeit dieser Substanzen im Wasser, verglichen mit den anderen Stoffen. Die im Absorber entstandene Lösung kommt in den nächsten Apparat, wo C_2H_4O und CO_2 wieder ausgekocht werden. Das Wasser gelangt nach einer Abkühlung in den Absorber zurück. C_2H_4O und CO_2 werden durch Destillation bei niedriger Temperatur voneinander getrennt. CO_2 wird mit leichten Verunreinigungen abgeblasen; die Mischung aus Oxid und Wasser wird in den Glykol-Reaktor gebracht.

Die Gase, welche den EO-Absorber verlassen, werden aufgeteilt. Ein Teil, der sogenannte „PURGE", wird abgetrennt und verbrannt, da es keine einfache Methode gibt N_2 abzutrennen. Das CO_2 im anderen Strom wird durch Absorption in einer Lösung aus Ethanolamin und Wasser, die eine hohe Affinität für CO_2 besitzt, ausgewaschen. Das restliche $C_2H_4/O_2/N_2$-Gemisch wird mittels eines Kompressors in den Einsatzstrom geblasen, der aus frischer Luft und C_2H_4 besteht.

Es wird aus dieser Beschreibung klar, daß, um obiges Schema zu entwickeln, schon Wissen über die Löslichkeiten der einzelnen Substanzen in Wasser und Ethanolamin bestehen muß, sowie daß Kenntnis über die Siedepunkte von C_2H_4O und CO_2 erforderlich ist.

Als Ergebnis dieses ersten Schrittes erhält man C_2H_4O in einer Form, in der es geeignet ist, zu Ethylenglykol zu reagieren. Wie aus Abb. 1.3 zu sehen ist, wird C_2H_4O mit einer geeigneten Menge Wasser gemischt. Da das Oxid leicht reagiert, ist es möglich, eine vollständige Umsetzung zu erreichen. Es ist jedoch wichtig, die C_2H_4O-Konzentration niedrig zu halten, um die Bildung von Ethylendiglykol $(C_2H_4OH)_2O$ gering zu halten, das durch eine weitere Reaktion aus Ethylenoxid und Ethylenglykol entstehen kann. Wiederum ist man auf experimentelle Werte angewiesen, um die günstigsten Konzentrationen und Drücke zu finden. Hiernach muß das Gemisch aus Glykol, Diglykol und Wasser getrennt werden, um ein hochkonzentriertes Produkt (z.B. 99 % Reinheit) zu erhalten.

Dies geschieht in mehreren Stufen. Zuerst wird der Großteil des Wassers abgedampft, dann das restliche Wasser abdestilliert. Hierauf folgt eine Destillation zur Trennung von Glykol und Diglykol.

Nachdem nun das Verfahren festliegt, ist es die weitere Aufgabe des Verfahrenstechnikers, Berechnungen anzustellen, zum Detailentwurf der Größe und Kapazität der einzelnen Prozeßstufen, der Drücke und Temperaturen und der Zusammensetzungen. Weiters sind Stabilitätsuntersuchungen nötig, um das Verhalten der Anlage bei geänderten Betriebsbedingungen zu erkunden. Dies betrifft z.B. die Konzentrationen im Glykolreaktor, um das optimale Verhältnis von Wasser zu Ethylenoxid zu erarbeiten.

Nicht alle Größen lassen sich durch technische Gesetzmäßigkeiten bestimmen. Wesentlich für die endgültige Auslegung sind die wirtschaftlichen Parameter, die über eine Anlagenoptimierung eingreifen.

Ein anderer wichtiger Punkt ist die Klärung der Frage der richtigen Behandlung der Abwässer und Abgase, sowie die Optimierung des Energiehaushaltes. Besonderes Augenmerk muß auch den Sicherheitsfragen gelten, z.B. dem Vermeiden explosiver Gemische oder der Frage der Leckage und Außerbetriebnahme im Störfall. Diese Überlegungen sind ebenso wichtig wie die reine Entwurfstätigkeit. Einrichtungen zum An- und Abfahren der Anlage sind ebenfalls nötig.

Das vorgehende Beispiel illustriert die Überlegungen beim Planen einer Anlage. Das folgende Beispiel beinhaltet einige Fragen, welche dem Verfahrenstechniker gestellt werden, der die Anlage betreibt.

Beispiel 1.3: Ethylenglykol-Prozeßstudie

Die Anlage aus Beispiel 1.3 wurde gebaut und eine Zeitlang erfolgreich betrieben. Im Laufe des Betriebes können z.B. folgende Fragen an den Ingenieur herangetragen werden:

1 Einleitung

a) Die Ausbeute an Ethylenoxid fällt beträchtlich. Wo liegt die Ursache?
b) Ein profitabler Markt für Ethylendiglykol hat sich entwickelt. Wie müssen die Prozeßbedingungen geändert werden, um den Anteil Diglykol zu heben?
c) Der Preis für Ethylen steigt. Wie läßt sich die Ausbeute heben?
d) Auf Grund der schlechten Autoverkäufe sinkt der Markt für Glykol. Dafür wird hochreines Ethylenoxid für Kunststoffe benötigt. Was kann getan werden, um dieses Produkt vermehrt zu gewinnen?
e) Die Brennstoffpreise haben sich verändert. Wie kann man die eingesetzte Energie effektiver nutzen?

Für die Beantwortung dieser Fragen wird sich der Verfahrenstechniker mit dem Prozeß näher auseinandersetzen und Labor- und Anlagendaten vergleichen müssen. So ist z.B. nun zu prüfen, ob der Silberkatalysator verschmutzt und deaktiviert ist. Die Ursachen hierfür sind abzustellen. Durch Änderung von Drücken und Konzentrationen lassen sich die Ausbeuten verschieben, gleichzeitig ist aber zu beachten, daß die Belastung der nachfolgenden Anlagenteile steigen oder sinken kann und hierdurch Probleme auftreten können. Es ist möglich, daß zusätzliche Apparate oder Maschinen nötig sind.

Natürlich hat der Verfahrenstechniker darüber hinaus noch Aufgaben:

– Forschung bei physikalischen und chemischen Vorgängen
– Entwicklung neuer und bekannter Verfahren
– Management, Personalführung in Betrieben
– Verkauf, Zukauf, Wirtschaftlichkeitsuntersuchungen
– Ausbildung und Weiterbildung
– Marktuntersuchungen, Studien
– Tätigkeit bei Behörden, Verwaltung und Gesetzgebung.

Obwohl dies wichtige Aufgaben sind, liegt das Hauptbetätigungsgebiet beim Betrieb und der Verbesserung bestehender Anlagen.

Die Lösung von Stoff- und Energiebilanzen ist in vielen Fällen eine äußerst komplexe Aufgabe, besonders wenn man bemüht ist, erste Rechnungen händisch ohne Simulationsprogramme durchzuführen. Selbst in Fällen, wo man gute Programmsysteme für Flowsheeting verwenden kann, ist es meist unumgänglich Vorrechnungen zur Ermittlung von Startwerten in Rücklaufströmen durchzuführen. Abb. 1.4 zeigt den Ablauf händischer Massenbilanzierungen, wie er in den Abschnitten 4-6 besprochen wird. Die Kapitel 7 und 8 beschäftigen sich dann mit Energiebilanzen, die aber in jedem Fall auch die Lösung der Stoffbilanzen voraussetzen.

Regelmäßige Beschäftigung mit Bilanzen führt zu einem „Denken in Bilanzen". Hieraus ergibt sich eine Denkweise, die den Verfahrenstechniker oftmals vom Maschinenbauer und vom Chemiker unterscheidet.

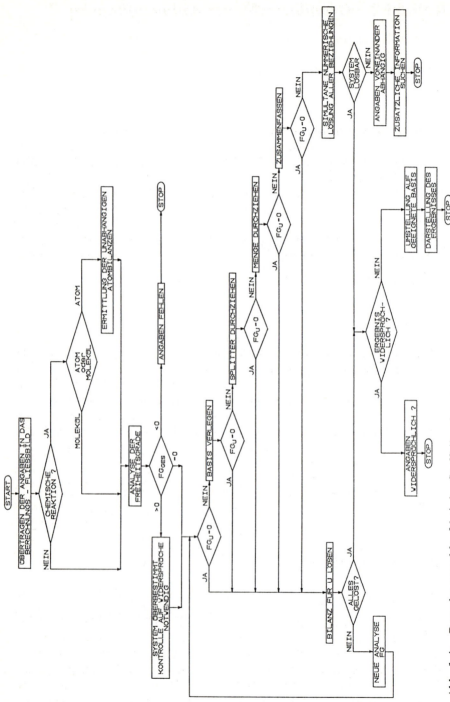

Abb. 1.4: Berechnungsablauf bei der Stoffbilanzierung

Kapitel 2 Grundbegriffe der Anlagenplanung

Bevor auf die Berechnung von Anlagen eingegangen werden kann, müssen Übereinkommen über einige Größen und Bezeichnungen getroffen werden. Dies betrifft die verwendeten Ausdrücke und Begriffe sowie die verwendeten Dimensionen und die Darstellungsweisen.

Eine Reihe von DIN-Normen sind beim Planen, Herstellen und Prüfen verfahrenstechnischer Anlagen zu beachten. Eine Zusammenstellung hierfür findet sich in [2]. Darüber hinaus gibt es noch eine Vielzahl von Werksnormen und internen Bauvorschriften, die gegebenenfalls beachtet werden müssen. Für die Bilanzierung von Anlagen sind nur die Vorschriften für Fließbilder wesentlich, die deshalb hier kurz behandelt werden sollen.

2.1 Fließbilder

Wie aus den Beispielen in Kap. 1 hervorgegangen ist, benötigt man zur anschaulichen Beschreibung eines Verfahrens eine graphische Darstellung, das Fließbild. Der Aufbau der Fließbilder verfahrenstechnischer Anlagen ist in DIN 28004 festgelegt. Diese Norm besteht aus drei Blättern: Blatt 1 – Fließbildarten, Informationsinhalt; Blatt 2 – Zeichnerische Ausführung; Blatt 3 – Bildzeichen. Diese Norm gilt nicht für Mengen- und Energieschaubilder nach Art des Sankey-Diagrammes, das unter 2.4 besprochen wird, elektrische Schaltpläne und spezielle Pläne für Messen, Steuern und Regeln.

Das Fließbild (flowsheet) ist eine vereinfachte zeichnerische Darstellung von Aufbau und Funktion verfahrenstechnischer Anlagen. Je nach Informationsinhalt und Darstellung sind drei Arten von Fließbildern zu unterscheiden.

2.1.1 Das Grundfließbild

Das Grundfließbild oder Blockfließbild stellt grob die Schritte eines Verfahrens dar (Abb. 2.1). Der Informationsinhalt ist gering, er umfaßt nur die Benennung der Teilanlagen bei Fabrikationskomplexen bzw. den Verfahrensstufen bei Teilanlagen, den Hauptstofffluß und die Benennung der Ein- und Ausgangsstoffe. Zusätzlich kann Information über die Ströme zwischen den Verfahrensschritten, die Stromgrößen, Energieströme und charakteristische Betriebsbedingungen (Druck, Temperatur) gegeben sein (Abb. 2.2). Teilanlagen, Grundoperationen und Verfahrensstufen werden durch rechteckige Kästchen dargestellt, Stoff- und Energieströme durch Pfeile.

Beispiel 2.1: Ethylenglykol-Herstellung

Für den in Beispiel 1.3 erklärten Prozeß soll das Grundfließbild mit der Sollinformation gezeichnet werden.

Lösung:

Zur Sollinformation eines Grundfließbildes gehören die Benennung der Teilanlagen, die Bezeichnung des Hauptstoffflusses und die Benennung der Ein- und Ausgangsströme. Abb. 2.1 zeigt das Grundfließbild. Um die Darstellung übersichtlich zu gestalten, kann der Weg des Hauptstoffflusses dicker gezeichnet werden. Grundsätzlich ist anzustreben, den Hauptstofffluß von links nach rechts zu zeichnen und alle Einsatzstoffe von oben bzw. links eintreten zu lassen. Produkte, Nebenprodukte und Abfälle verlassen das Schema nach unten oder nach rechts. Ausnahmen hiervon sind Abgase, die nach oben „aufsteigen" können. Zur kompakteren Darstellung von Fließbildern ist es möglich, den Ablauf des Verfahrens umzulenken; man erreicht dadurch eine bessere Ausnutzung des Platzes am Zeichenblatt.

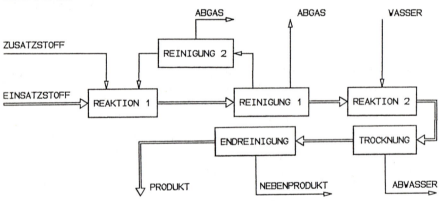

Abb. 2.1: Grundfließbild der Ethylenglykolherstellung mit Sollinformation

Beispiel 2.2: Ethylenglykol-Herstellung

Für den Prozeß aus Beispiel 1.3 bzw. 2.1 soll das Grundfließbild mit Soll- und Kanninformation versehen werden.

Lösung:

Als Kanninformation des Grundfließbildes wird noch die Bezeichnung der Stoffe, der Stoffmengen, der Energieströme sowie eventuelle charakteristische Betriebsbedingungen ausgenommen. Abb. 2.2 enthält einen Teil dieser Informationen.

2.1 Fließbilder

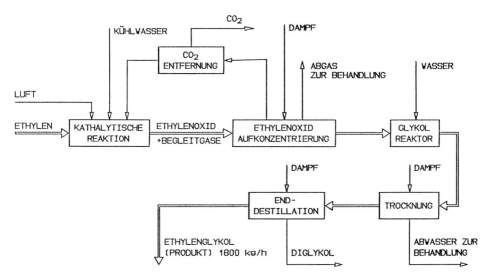

Abb. 2.2: Grundfließbild der Ethylenglykolherstellung mit Soll- und Kanninformation

2.1.2 Das Verfahrensfließbild

Das Verfahrensfließbild enthält wesentlich mehr Information als das Grundfließbild. Als Sollinformation gelten:

- Alle für das Verfahren erforderlichen Apparate, Maschinen und Hauptfließlinien (Rohrleitungen, Transportwege)
- Benennung der Durchflüsse bzw. Mengen der Ein- und Ausgangs-Stopfens
- Benennung der Energieträger
- Charakteristische Betriebsbedingungen.

Die Apparate und Maschinen werden nach DIN 28004 dargestellt, ebenso die Fließlinien. Die für die Verfahrenstechnik wichtigsten Darstellungen finden sich in u.a. in [3]. Für die genaue Ausführung wird auf DIN 28004 verwiesen.

Beispiel 2.3: Absorptionswärmepumpe – Verfahrensfließbild

Abwärme in Form von Methanolbrüden aus einem Industriebetrieb soll durch eine mit Dampf beheizte Absorptionswärmepumpe auf ein Temperaturniveau gehoben werden, das ausreicht, Kesselspeisewasser bei 1,2 bar und Methanol bei 1,3 bar zu verdampfen.

Lösung:

Bei Absorptionswärmepumpen mit Umformung hochwertiger Wärme wird Umwelt- oder Abwärme mit Hilfe eines Wärmestromes hoher Temperatur auf ein mittleres Nutztemperaturniveau transformiert. Die Funktionsweise ist folgend (Abb. 2.4, [4]).

Der vom Verdampfer W01 kommende Kältemitteldampf wird im Absorber W02 durch das Lösungsmittel absorbiert. Bei diesem Absorptionsprozeß tritt eine starke Wärmeentwicklung auf, die als Absorptionswärme vom Absorber durch das verdampfende Kesselspeisewasser abgeführt wird. Das Lösungsmittel mit dem absorbierten Kältemitteldampf (reiche Lösung) wird durch die Lösungspumpe P01 vom Druckniveau des Absorbers auf das Druckniveau des Austreibers und Kondensators gefördert. Vor Eintritt in den Austreiber W03 durchströmt die reiche Lösung einen Wärmetauscher W04 und wird durch die Wärmeabgabe der zurückfließenden armen Lösung aufgewärmt. Der Austreiber wird durch einen Heizwärmestrom beheizt und entgast die reiche Lösung (Desorption), wodurch der Kältemitteldampf vom Lösungsmittel getrennt wird. Das Lösungsmittel fließt als arme Lösung vom Austreiber über den vorher genannten Wärmetauscher und über ein Expansionsventil V1 in den Absorber zur erneuten Kältemittelaufnahme zurück. Der Lösungskreislauf ist damit geschlossen.

Der Kältemitteldampf wird durch den Absorptions-/Desorptionsprozeß von einem niedrigen auf ein höheres Druck- und damit Temperaturniveau gebracht. Der Dampf strömt nach der Austreibung durch den nachgeschalteten Abscheider B02, wo mitgerissenes Lösungsmittel abgetrennt wird. Vom Abscheider gelangt der Kältemitteldampf in den Kondensator W05 und gibt dort die Kondensationswärme ab. Das verflüssigte Kältemittel fließt über das Drosselventil V2 in den Verdampfer, wo durch Aufnahme von Umwelt- oder Abwärme die Verdampfung erneut stattfindet. Der Kältemittelkreislauf ist damit geschlossen.

Folgende Energieströme sind am Absorptionswärmepumpenprozeß beteiligt:

- Wärmezufuhr an den Verdampfer $\dot{Q}_0$
- Wärmezufuhr zur Beheizung des Austreibers $\dot{Q}_Z$
- Arbeitszufuhr an die Lösungspumpe N_L
- Wärmeabgabe im Absorber $\dot{Q}_A$
- Wärmeabgabe im Kondensator $\dot{Q}_C$

Als Nutzwärme stehen die im Kondensator abgegebene Wärme und die Absorberwärme zur Verfügung. Diese beiden Wärmeströme fallen nicht unbedingt bei gleichem Temperaturniveau an, so daß sich für ihre Nutzung die folgenden beiden Möglichkeiten ergeben:

- Getrennte Nutzung von Kondensator- und Absorberwärme in zwei Nutzwärmekreisläufen.
- Gemeinsame Nutzung von Kondensator- und Absorberwärme in einem Abnehmer-Kreislauf. Die Absorptionswärme erhöht dabei die Vorlauftemperatur im Kondensator.

2.1 Fließbilder

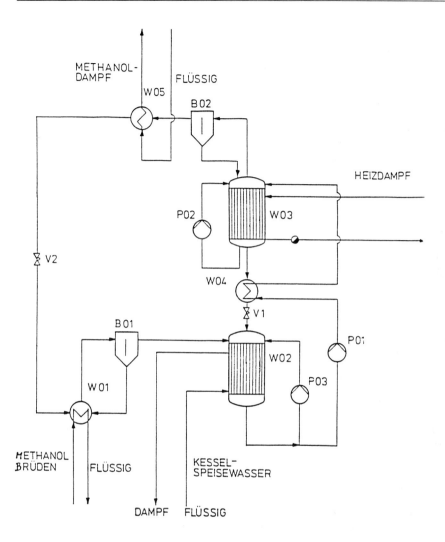

Abb. 2.3: Verfahrensfließbild einer Absorptionswärmepumpe mit Soll-Information

In der Absorptionswärmepumpe können zwei Kreisläufe unterschieden werden: Der Kältemittel- und der Lösungskreislauf. Das Kältemittel fließt durch die gesamte Anlage, das Lösungsmittel nur durch den Antriebsteil. Gemeinsam strömen Kälte- und Lösungsmittel als reiche Lösung vom Absorber über die Lösungspumpe und den Wärmetauscher in den Desorber.

Wie bereits erwähnt, ist der Absorptionsprozeß eine Wärmetransformation: Die Austreiberwärme Q_Z (T_Z) fördert die Umwelt- oder Abwärme Q_0 (T_0) auf ein mittleres Nutztemperaturniveau (T_N).

Die energetische Leistungsfähigkeit der Absorptionswärmepumpe wird mit dem Wärmeverhältnis ϕ beschrieben:

$$\phi = \frac{\text{Nutzwärme}}{\text{Austreiber- Heizwärmestrom}} = \frac{\dot{Q}_A + \dot{Q}_C}{\dot{Q}_Z}$$

Der Arbeitsaufwand der Lösungsmittelpumpe kann dabei vernachlässigt werden, da seine Größe im Vergleich zu den umgesetzten Wärmeenergieströmen klein ist. Die „thermische Kompression" findet bereits im Absorber statt, so daß von der Lösungspumpe nur noch das bereits absorbierte Medium auf Austreiberdruckniveau gefördert werden muß. Dazu ist nur eine geringe Pumpleistung notwendig.

Für die Absorptionswärmepumpe mit Umformung hochwertiger Wärme ist daher charakteristisch, daß die Austreiber-Heiztemperatur größer als die Nutzungstemperatur ist. Dafür ist der abgegebene Nutzwärmestrom $\dot{Q}_N$ (Kondensator- und Absorberwärme) größer als der zugeführte Austreiber-Heizwärmestrom $\dot{Q}_Z$. Es gilt:

$T_Z > T_N$
$\dot{Q}_Z < \dot{Q}_N$
$\phi > 1$

In Ergänzung zur Soll-Information im Verfahrensfließbild kann weitere Information eingetragen werden. Als Kann-Information gelten:

– Benennung und Menge bzw. Durchflüsse der Stoffe innerhalb des Verfahrens
– Energieströme, Leistungen bzw. Energiemengen oder Durchflüsse und Mengen der Energieträger
– Wesentliche Armaturen
– Aufgabenstellung der Meß-, Steuerungs- und Regelungstechnik.

Beispiel 2.4: Absorptionswärmepumpe – Verfahrensfließbild

Für den Absorptionswärmepumpenprozeß aus Beispiel 2.3 ist das Verfahrensfließbild um Kann-Informationen zu erweitern.

Lösung:

In das Fließbild nach Abb. 2.3 wurden folgende zusätzliche Informationen eingetragen (Abb. 2.4):

2.1 Fließbilder

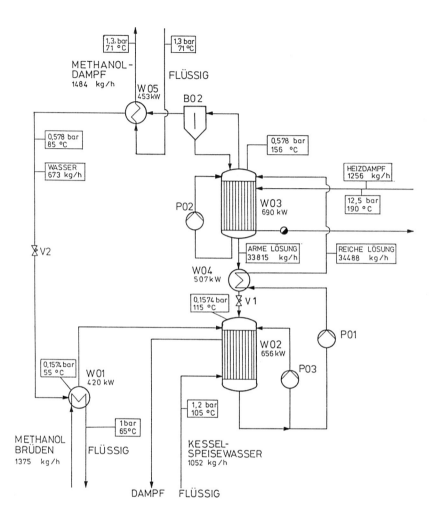

Abb. 2.4: Verfahrensfließbild einer Absorptionswärmepumpe mit Soll- und Kann-Information

- Benennungen der Ströme innerhalb des Verfahrens
- Energieströme bzw. Leistungen
- Betriebsbedingungen
- Menge der Ströme innerhalb des Verfahrens.

Nicht eingetragen wurden:

- Stoffwerte
- Kennzeichnende Größen von Apparaten und Maschinen
- Höhenlage von Apparaten und Maschinen.

Der genaue Umfang der Information im Verfahrensfließbild ist gegebenenfalls zwischen Besteller und Lieferant zu vereinbaren.

Eine häufig gebrauchte Darstellungsform der wichtigsten Information über einen Stoffstrom zeigt Abb. 2.5.

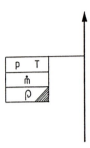

Abb. 2.5: Angabe von Druck, Temperatur, Massenstrom, Dichte und Phasenzustand eines Stoffstromes

Bei dieser Darstellungsweise werden in einem Kästchen die Werte für den Druck p (bar) die Temperatur T (°C), den Massenstrom m (kg/h) und die Dichte (kg/m^3) eingetragen. Das rechte untere Dreieck gibt Auskunft über den Phasenzustand; ist es leer, besteht Dampfphase, ist es ausgefüllt, ist der Strom in der Flüssigphase.

Beispiel 2.5: Darstellung von Stromdaten

Für einen Strom mit zwei Phasen sollen für den Auslegungsfall sowie für den unteren und oberen Grenzfall die Stromdaten in das Verfahrensfließbild eingetragen werden.

Lösung:

Sind mehrere Phasen in einem Strom anzutreffen, werden die entsprechenden Datenblöcke übereinander gesetzt. Mehrere Betriebszustände (z.B. hier Auslegungsfall, Minimalfall und Maximalfall) werden in nebeneinander gezeichneten Blöcken dargestellt (Abb. 2.6).

2.1 Fließbilder

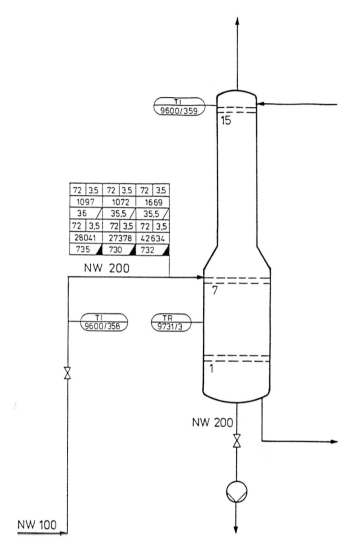

Abb. 2.6: Darstellung der Daten eines zweiphasigen Stromes in drei Betriebs zuständen

2.1.3 Das RI-Fließbild

Aus dem Rohrleitungs- und Instrumentenfließbild sollte die technische Ausrüstung der Anlage ersichtlich sein. Vorzugsweise sollten die Apparate und Maschinen in ihre Höhenlage zueinander und – mit Ausnahme der Pumpen und Antriebsmaschinen – in ihren äußeren Hauptabmessungen annähernd maßstäblich dargestellt werden. Die folgende Information sollte vorhanden sein:

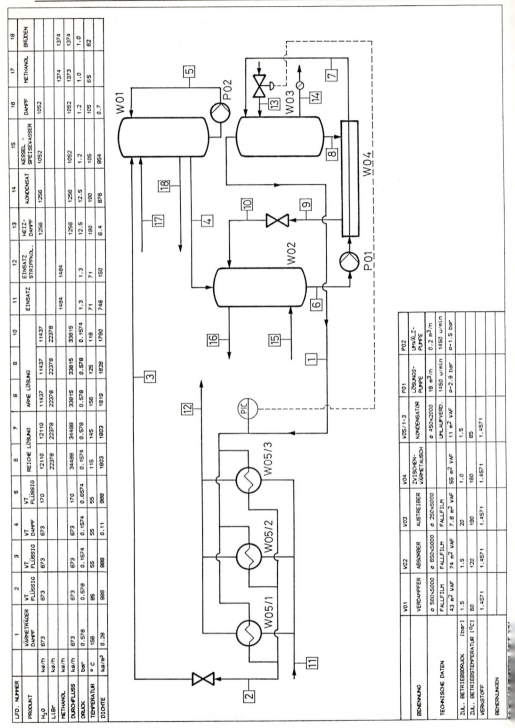

Abb. 2.7: RI-Fließbild einer Absorptionswärmepumpe

2.2 Die Verfahrensstufe

- Alle Apparate, Maschinen, Rohrleitungen, Armaturen, einschließlich Reserve
- Nennweite, Druckstufe, Werkstoff der Rohrleitungen
- Aufgabenstellung der Meß-, Steuer- und Regeltechnik
- Kennzeichnende Größen von Apparaten und Maschinen.

Darüber hinaus kann folgende Information vorhanden sein:

- Benennung der Durchflüsse bzw. Mengen der Stoffe und Energieträger
- Lösungsweg der Meß-, Steuer- und Regeltechnik
- Höhenlage der Apparate.

Beispiel 2.6: RI-Schema einer Absorptionswärmepumpe

Das Verfahrensfließbild der Absorptionswärmepumpe aus Beispiel 2.3 ist als RI-Schema auszuführen.

Lösung:

Nach Eintragungen der erforderlichen Mehrinformation ergibt sich Abb. 2.7.

2.2 Die Verfahrensstufe

Unter einer Verfahrensstufe versteht man die technische Realisierung einer Grundoperation, bestehend einerseits aus dem die Vorgänge beschreibenden Wissen und andererseits aus den zum Betrieb dafür notwendigen Apparaten, Maschinen, Rohrleitungen, Meß- und Regelgeräten und dergleichen. Mehrere Verfahrensstufen setzen sich in der Regel zu einem Verfahren zusammen, deren Realisierung als Anlage bezeichnet wird (vgl. Abb. 2.8).

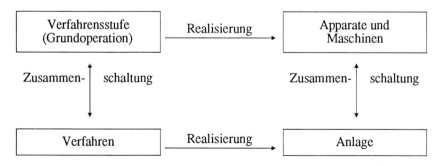

Abb. 2.8: Definition einer Verfahrensstufe (nach [5])

2.3 Betriebsweisen

Die Wahl der für den zeitlichen Ablauf einer Verfahrensstufe günstigsten Betriebsweise ist eine im Hinblick auf die Betriebsführung und Wirtschaftlichkeit des Verfahrens wesentliche Entscheidung. Die Aufgabe des vorliegenden Abschnittes soll es deshalb sein, die für einen Stoffumwandlungsvorgang möglichen Arbeitsweisen, deren Vor- und Nachteile sowie die bevorzugten Anwendungsgebiet zu beschreiben.

Hinsichtlich der Betriebsweise einer Verfahrensstufe unterscheidet man:

- Die diskontinuierliche Arbeitsweise (Satz- oder Chargenbetrieb)
- Die kontinuierliche Arbeitsweise (Fließbetrieb)
- Die halbkontinuierliche oder kombinierte Arbeitsweise.

2.3.1 Kontinuierlicher Betrieb

Unter einem kontinuierlichen Betrieb versteht man eine Betriebsweise, bei der sich alle Prozeßgrößen über den Betriebszeitraum konstant sind. Ausgenommen sind die Anfahrphase (start up) und die Abstellphase bzw. eventuell auftretende Umstellungsphasen. Während des stationären Betriebes bestehen selbstverständlich ständig Schwankungen in den Betriebszuständen, die in einer schwankenden Rohstoff- oder Betriebsmittelqualität bzw. im Verhalten der Regelorgane begründet sind.

Kontinuierliche Prozesse sind im allgemeinen bei einer vorgegebenen Produktionsleistung kostengünstiger, kleiner und energetisch besser. Die Voraussetzungen für ein kontinuierliches Verfahren werden durch Endprodukt und Transportfähigkeit der Roh- und Hilfsstoffe sowie der Zwischenprodukte bestimmt. Für das Endprodukt muß ein annähernd konstanter Bedarf in einer relativ großen Menge vorliegen.

Die Roh- und Hilfsstoffe sowie die Zwischenprodukte sollen für eine kontinuierliche Förderung geeignet sein. Das trifft vor allem für Gase und Flüssigkeiten zu, die durch Rohrleitungen transportiert werden. Feststoffe werden nach Zerkleinerung ebenfalls einem Rohrleitungstransport zugänglich (z.B. pneumatische Förderung).

Die annähernd konstanten Betriebsbedingungen schaffen die Möglichkeit, den Bedarf an Wärmeenergie und an Kühlwasser gering zu halten, weil abfließende, heiße Medien in Wärmeübertragern die zufließenden Medien vorwärmen. Die Erhaltung der Betriebsbedingungen über längere Zeit ist bei kontinuierlichen Prozessen die Basis für eine umfangreiche Automatisierung. Die Prozeßüberwachung und Prozeßsteuerung einer Anlage erfolgen in der Regel von einer zentralen Meßwarte aus. Eingriffe durch den Anlagenfahrer sind nur bei Störungen oder unzulässigen Abweichungen erforderlich.

Dennoch darf bei kontinuierlichen Prozessen nicht übersehen werden, daß es verschiedene Betriebsregime gibt, wie Betriebsstillstand, Anfahrvorbereitung, Anfahrbetrieb, Dauerbetrieb, Notabschaltung und planmäßige Abschaltung. Hinzu

2.3 Betriebsweisen

kommt häufig noch die Wahl der Prozeßeinheiten, wenn zur Erhöhung der Verfügbarkeit der Anlage Reserveeinheiten vorhanden sind oder wenn bei Weiterführung der Produktion eine Prozeßeinheit regeneriert werden muß.

Bei kontinuierlichen Prozessen werden Reaktoren, Absorptions-, Adsorptions-, Extraktionsanlagen ständig von den flüssigen oder gasförmigen Medien durchströmt. Die Zeit zum Ablauf der Prozesse in diesen Apparaten ist durch die mittlere Verweilzeit vorgegeben, dem Quotienten aus Volumen und Volumendurchfluß.

Von der Art der Betriebsweise und der Verweilzeit alleine kann jedoch noch nicht auf die örtlichen Verhältnisse in einem Apparat geschlossen werden. Diese werden hauptsächlich vom Mischungszustand dort angegeben.

Beispiel 2.7: Mischungszustände

Eine Substanz soll in einem kontinuierlichen Prozeß in einem Reaktor von der ursprünglichen Konzentration $c_{A,Ein}$ auf die Austrittskonzentration $c_{A,Aus}$ gebracht werden. Hierzu stehen ein Rohrreaktor (Strömungsrohr) mit der Länge L bzw. ein Rührkessel mit dem Durchmesser R zur Verfügung. Wie verhält sich die Konzentration über die Zeit t und wie über den Ort (l bzw. r)?

Lösung:

Da beide Reaktoren kontinuierlich betrieben werden, ist in keinem Fall eine Zeitabhängigkeit gegeben. Die örtliche Abhängigkeit ist jedoch in den beiden Fällen unterschiedlich. Während beim Rührkessel durch die – ideal angenommene – Vermischung keine Ortsabhängigkeit der Konzentration besteht, nimmt die Konzentration beim Durchgang durch den Strömungsreaktor laufend ab. Auf Grund dieser Tatsache wird das erforderliche Volumen für die beiden Apparatetypen im allgemeinen verschieden sein. Abb. 2.9 stellt diese Situation dar.

Da die kontinuierliche Arbeitsweise gegenüber der diskontinuierlichen Arbeitsweise zahlreiche Vorteile aufweist, wird man im allgemeinen bemüht sein, die technische Ausführung von physikalischen, chemischen und biologischen Grundoperationen kontinuierlich zu gestalten. Als Vorteile im Vergleich zur diskontinuierlichen Arbeitsweise können im allgemeinen folgende Punkte gewertet werden:

1. Gleichbleibende Produktionsqualität, da die Betriebsbedingungen, abgesehen von geringfügigen örtlichen Schwankungen, bei Verwendung automatischer Regler konstant sind.
2. Einsparung an Betriebskosten durch die Möglichkeit einer weitgehenden Automatisierung kontinuierlich betriebener Anlagen.
3. Keine Totzeiten im Betrieb der Anlage.

Nachteilig auf die Betriebsführung wirkt sich die Tatsache aus, daß kontinuierlich betriebene Anlagen ausgesprochene Einzweckanlagen sind (geringe Flexibilität bezüglich Produktqualität und Durchsatz) und somit nur dort eingesetzt werden können, wo stark variierende Betriebsbedingungen nicht gegeben sind.

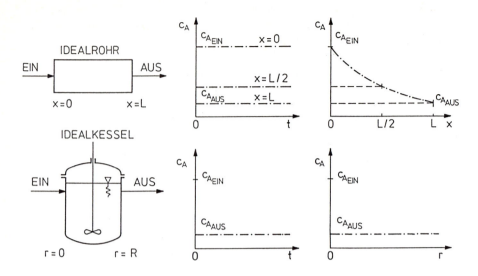

Abb. 2.9: Schematische Darstellung der kontinuierlichen Betriebsweise (einphasige Systeme) (nach [5])

Der kontinuierliche Betrieb ermöglicht verschiedene Arten der Führung der Substanzen die miteinander in Interaktion treten:

a) Gegenstrombetrieb
b) Gleichstrombetrieb
c) Kreuzstrombetrieb

Hierbei ist es vorerst unwesentlich, ob die Substanzen direkt in Kontakt treten (z.B. zwei Phasen) oder durch eine Wand (Wärmetauscher, Membran) Energie oder Masse austauschen.

Die entsprechenden schematischen Darstellungen der einzelnen Phasenführungen sowie die dabei auftretenden Temperatur- bzw. Konzentrationsprofile (allgemein dargestellt durch die Zustandsgröße W), sind in Abb. 2.10, 2.11 und 2.12 gegeben.

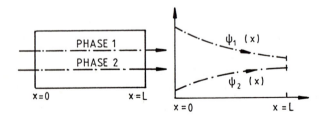

Abb. 2.10: Schematische Darstellung des Gleichstrombetriebes (nach [5])

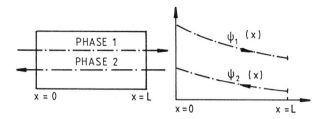

Abb. 2.11: Schematische Darstellung des Gegenstrombetriebes (nach [5])

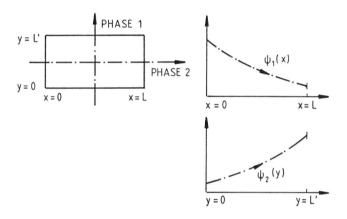

Abb. 2.12: Schematische Darstellung des Kreuzstrombetriebes (nach [5])

Die Art der Phasenführung im Apparat beeinflußt bei direktem Kontakt das Strömungsverhalten der Phasen und damit das Geschwindigkeits- und Konzentrationsprofil. Bei Gleichstromführung können im allgemeinen größere Strömungsgeschwindigkeiten zugelassen werden als bei Gegen- bzw. Kreuzstrom, da z.B. ein unerwünschtes Mitreißen von Flüssigkeit in Richtung des Gasstromes in einem Gas/Flüssig-Kontaktapparat nur bei Gegen- oder Kreuzstrom nachteilig, bei Gleichstrom jedoch normal ist. Die bei Gegen- bzw. Kreuzstrom auftretenden höheren Relativgeschwindigkeiten der Phasen führen jedoch zu einer höheren Turbulenz und damit zu einer besseren Durchmischung der Phasen, was sich im allgemeinen vorteilhaft auf den Stoffaustausch auswirkt. Nachteilig ist in diesen Fällen – unter sonst gleichen Bedingungen – höherer Energieaufwand zum Transport der Phasen durch den Apparat. Dies äußert sich durch einen vergleichsweise höheren Druckabfall zwischen Ein- und Austritt der betreffenden Phase.

Bei gleichen Ein- und Austrittsbedingungen am Apparat zeigt die Gegenstromführung ein größeres mittleres Temperatur- bzw. Konzentrationsgefälle als der Gleichstrom. Daher sind Gegenstromapparate im allgemeinen auf kleineres Volumen auszulegen und daher wirtschaftlicher. Weiters kann bei einem Gegenstromapparat theoretisch eine beliebig große Anzahl von Trennstufen realisiert werden, während beim Gleich- und Kreuzstromapparat maximal eine theoretische Trennstufe realisiert werden kann.

Die unterschiedlichen Temperatur- und Konzentrationsprofile bei Gleich- und Gegenstromführung sind auch bei der Durchführung chemischer Reaktionen in Mehrphasenapparaten zu berücksichtigen. Werden die beiden Phasen im stofflichen Gleichstrom geführt, so sind, wie dies auch aus Abb. 2.10 und Abb. 2.11 hervorgeht, die Konzentrationsdifferenzen am Eintritt des Apparates und damit auch die Reaktionsgeschwindigkeiten relativ zur Gegenstromführung größer. Daraus resultierende Effekte, wie z.B. unerwünschte Temperaturerhöhungen, Durchmischungseffekte und anderes, sind zu berücksichtigen.

Die Austauschfläche ist nur bei solchen Prozessen für Gleich- und Gegenstrom ident, bei denen die Phasen durch eine Wand getrennt bleiben, z.B. durch die Austauschfläche eines Wärmeübertragers. Dagegen wird bei Übertragungsprozessen zwischen einer flüssigen und einer gasförmigen Phase (Destillation, Absorption) die Fläche veränderlich sein (Art der Blasen- oder Schaumbildung ändert sich).

2.3.2 Diskontinuierlicher Betrieb

Die diskontinuierliche Arbeitsweise ist dadurch gekennzeichnet, daß zu Beginn eines jeden stofflichen Umwandlungsvorganges die dafür bestimmten Stoffmengen chargenweise einem Apparat zugeführt werden. Dort verweilen sie so lange unter fortlaufend veränderten Bedingungen, bis der gewünschte Verarbeitungsgrad erreicht ist. Nach dem Entleeren schließt ein neuer Zyklus mit denselben Zeitintervallen der Füllung, Umwandlung und Entleerung an. Diese für alle diskontinuierlich betriebenen Verfahrensstufen charakteristische Wiederholung kann durch eine periodische Aufeinanderfolge der einzelnen Arbeitszyklen in einem Apparat erreicht werden.

Die jeweiligen systemspezifischen Zustandsgrößen, wie beispielsweise Druck, Temperatur oder die Zusammensetzung, sind stets eine Funktion der Zeit.

Zu einer diskontinuierlichen Betriebsweise ist man in der Regel gezwungen, wenn

- die geforderte Produktmenge zu klein für den Betrieb einer kontinuierlichen Anlage ist,
- der durchgängige mechanische Transport nicht möglich bzw. nicht vertretbar ist,
- unterschiedliche Produkte zu erzeugen sind, oder
- Durchflußreaktoren nicht eingesetzt werden können, weil eine sehr große Verweilzeit erforderlich ist (Schmelz-, Mischungs-, Homogenisierungsprozesse).

Ein typisches Beispiel für einen diskontinuierlichen Prozeß ist die Blasendestillation. Sie erfolgt in den Stufen:

- Füllen der Destillationsblase
- Aufheizen des Flüssigkeitsgemisches auf die Siedetemperatur

2.3 Betriebsweisen

– Verdampfung und Trennen des Gemisches
– Abfahren der Anlage.

In der Hauswirtschaft ist die Arbeitsweise einer Waschmaschine ein typischer Chargenprozeß.

Nachteile der diskontinuierlichen Betriebsweise sind:
1. Die auftretenden Totzeiten beim Füllen und Entleeren.
2. Bei thermischen Stoffumwandlungsprozessen höhere Energiekosten durch das abwechselnde Aufheizen und Kühlen während jeder Charge.
3. Der höhere spezifische Arbeitsaufwand erfordert mehr Personal. (Daher versucht man, den Ablauf der einzelnen Verfahrensschritte durch Prozeßrechner zu automatisieren.)
4. Die ungleichmäßige Produktqualität. Da jede Charge unter geringfügig veränderten Betriebsbedinungen hergestellt wird, ist die Bandbreite der Produktqualität zumeist größer als bei kontinuierlicher Betriebsweise. Diese Qualitätsunterschiede werden, falls notwendig, durch nachträgliches Mischen mehrerer Chargen ausgeglichen.

Beispiel 2.8: Zustände im idealen Rührkessel

Am Beispiel eines unter idealen Mischungsbedingungen absatzweise betriebenen Rührkessels ist in graphischer Form die funktionelle Abhängigkeit der Konzentration durch den zeitlichen und örtlichen Konzentrationsverlauf einer Stoffkomponente A darzustellen.

Lösung:

Es sind zwei Tatsachen zu beachten. Der diskontinuierliche Betrieb verursacht eine Abhängigkeit der Konzentration von der Zeit, die Tatsache des idealen Mischungszustandes bewirkt eine örtlich konstante Konzentration zu jedem Zeitpunkt (Abb. 2.13).

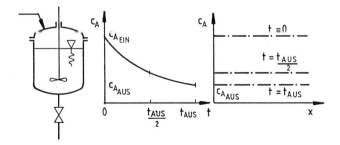

Abb. 2.13: Schematische Darstellung der diskontinuierlichen Betriebsweise (nach [5])

2.3.3 Kombinierte Arbeitsweise

Unter kombinierter Arbeitsweise wird die Kombination von kontinuierlich und diskontinuierlich betriebenen Verfahrensstufen verstanden.

Die Hintereinanderschaltung von diskontinuierlich und kontinuierlich betriebenen Umwandlungsprozessen sollte jedoch weitgehend vermieden werden, da für eine derartige Betriebsführung Zwischenlager erforderlich sind.

2.4 Die Darstellung von Bilanzen

Um die Ergebnisse einer Anlagenberechnung bzw. die experimentell erhaltenen Anlagengrößen mitteilen zu können, bedient man sich verschiedener Darstellungsweisen. Am naheliegendsten ist es, die relevanten Größen in das Fließbild an geeigneter Stelle als zusätzliche Information zum Strom einzutragen. Bei vielen Komponenten ist dies jedoch platzintensiv und verringert die Übersicht. Daher zieht man es vor, die Ströme zu numerieren und den Stromnummern in einer Tabelle am oberen oder unteren Rand des Verfahrensfließbildes die zusätzlichen Angaben über Zusammensetzung, Menge, Druck und Temperatur zuzuordnen (Abb. 2.14).

STROMNUMMER		1	2	3
PRODUKT		EINSATZ	KONZENTRAT	KONDENSAT A
KOMPONENTEN (kg/h)	STOFF A			
	STOFF B			
	STOFF C			
	STOFF D			
	STOFF E			
	STOFF F			
DURCHFLUSS	kg/h / m³/h			
DRUCK	bar			
TEMPERATUR	°C			

Abb. 2.14: Stromtabelle aus einem Verfahrensfließbild (Beispiel)

Beispiel 2.9: Stromtabelle für Absorptionswärmepumpe

Für die in Beispiel 2.3 beschriebene Absorptionswärmepumpe ist die Stromtabelle zu erstellen.

2.4 Die Darstellung von Bilanzen

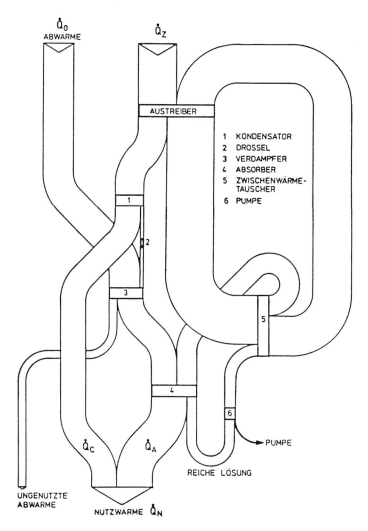

Abb. 2.15: Sankey-Diagramm des Energieflusses einer Absorptionswärmepumpe

Lösung:

In diesem Falle gibt es drei verschiedene Substanzen – Wasser, LiBr und Methanol – die in verschiedenen Konzentrationen und Temperaturen auftreten. Abb. 2.7 enthält die Lösung der Aufgabe.

Gilt einer Substanz ein besonderes Augenmerk, so läßt die Darstellung in Form eines Sankey-Diagrammes den Weg dieser Spezies durch die Anlage besonders gut erkennen. Sehr verbreitet ist diese Form der Darstellung für Energiebilanzen (Energieflußbild). Im Sankey-Diagramm wird die Dicke der Stromlinien im Verhältnis zur Menge der enthaltenen Spezies dargestellt. Die Apparate werden dafür meist nur in Form von Balken dargestellt.

Beispiel 2.10: Sankey-Diagramm für Absorptionswärmepumpe

Die Energieströme der Absorptionswärmepumpe sind in einem Sankey-Diagramm darzustellen.

Lösung:

Energie betritt das Verfahren als Abwärme in den Methanolbrüden, als Heizdampf im Austreiber und als Antriebsleistung der Pumpe. Ein Teil verläßt in der Restwärme des Methanolkondensates die Anlage, der Hauptteil jedoch ist Nutzwärme. Da die Energie keine absolute Größe ist, muß ein Bezugspunkt (hier 0 °C) gewählt werden. Alle Wärmeinhalte sind auf diese Temperatur bezogen. Eine mögliche Art der Darstellung zeigt Abb. 2.15.

2.5 Die SI-Einheiten

Alle Prozeßgrößen müssen mit Einheiten versehen werden: Längen, Massen, Geschwindigkeiten, Energien usw. Ursprünglich verwendete man „Naturmaße" – ein Fuß, eine Elle – als Grundeinheit.

Um in der Frage der Maßeinheiten eine Vereinheitlichung zu erreichen, ist das SI-System (Système Internationale d' Unités) in den meisten Staaten der Welt zum gesetzlichen Maßsystem erhoben worden. Tab.2.1 enthält die wesentlichen Größen und Einheiten.

Für das Gebiet der Mechanik genügen drei Grundgrößen:
– Länge (Basiseinheit – Meter m)
– Masse (Basiseinheit – Kilogramm kg) und
– Zeit (Basiseinheit – Sekunde s)

Hinzu kommen die Stromstärke mit einer eigenen, von mechanischen Einheiten unabhängigen Grundeinheit, dem Ampere (A), die thermodynamische Temperatur mit der Grundeinheit Kelvin (K), die molekularphysikalische Stoffmenge mit der Grundeinheit Mol und die Lichtstärke mit der Grundeinheit Candela.

Die Krafteinheit Kilopond des technischen Einheitensystems wird – als nicht unmittelbar von den Grundeinheiten abgeleitet – im SI-Einheitensystem nicht mehr zugelassen. Die aus den Grundeinheiten kohärent gebildete Krafteinheit in $kg\,m/s^2$ ist das Newton mit dem Kurzzeichen N, für dessen Umrechnung als Kraft und Gewichtskraft gilt:

$$1\,N = 0{,}1019716\,kp.$$

Die Druckeinheit des SI-Einheitensystems – von der Krafteinheit Newton kohärent abgeleitet – ist das Pascal mit dem Kurzzeichen Pa, für dessen Umrechnung gilt:

2.5 Die SI-Einheiten

$1 \text{ Pa} = 1 \text{ N/m}^2 = 1{,}01972 \cdot 10^{-5} \text{ kp/cm}^2 = 0{,}9869 \cdot 10^{-5} \text{ atm} = 1 \cdot 10^{-5} \text{ bar}$

Tab. 2.1: Größen und Einheiten im SI-System (nach [6])

Nr.	Größe Name u. Formelzeichen (ÖNORM A 6401)	Definition	SI-Einheit	Vielfache und Teile (Beispiele)	Sonstige Einheiten Anmerkungen
1	Länge l		Meter m Basiseinheit	km; dm; cm mm; μm	
2	Flächeninhalt A	$A = l^2$	Quadratmeter m² (= 1 m · 1 m)	km²; dm²; cm² mm²	1 Hektar (ha) = 10 000 m² 1 Ar (a) = 100 m²
3	Rauminhalt (Volumen) V	$V = l^3$	Kubikmeter m³ (= 1 m · 1 m² = = 1 m · 1 m · 1 m)	dm³; cm³ mm³	1000 l = 1 m³ 1 Liter (l) = 1 dm³ = 0,001 m³
4	Ebener Winkel $\alpha, \beta, \gamma, \ldots$	$\alpha = \dfrac{b}{r}$ $\left(= \dfrac{\text{Kreisbogen-länge}}{\text{Radius}}\right)$	Radiant rad (1 rad = $\dfrac{1 \text{ m}}{1 \text{ m}}$)		1 Grad (1°) = $\dfrac{1}{90}$ des rechten Winkels = 1 Minute (1') = $\left(\dfrac{1}{60}\right)^\circ$ $\left\lvert = \dfrac{\pi}{180} \text{ rad}\right.$ 1 Sekunde (1'') = $\left(\dfrac{1}{60}\right)'$
5	Zeit t		Sekunde s Basiseinheit	μs	1 Stunde (1 h) = 60 min = 3 600 s 1 Minute (1 min) = 60 s
6	Geschwindigkeit v	$v = \dfrac{l}{t}$	Meter je Sekunde m/s (= m s⁻¹)	km/s mm/s	km/h m/min
7	Beschleunigung a	$a = \dfrac{v}{t}$	Meter je Sekundenquadrat m/s² (= m s⁻²)	mm/s²	Fallbeschleunigung (g) $g \approx 9{,}81$ m/s²
8	Masse m		Kilogramm kg Basiseinheit	Mg; g	1 Tonne (t) = 1 Mg = 1 000 kg
9	Dichte ϱ	$\varrho = \dfrac{m}{V}$	Kilogramm je Kubikmeter kg/m³ (= kg m⁻³)	g/m³	1 t/m³ = 1 kg/dm³ = 1 g/cm³
10	(Massen-) Trägheitsmoment J	$J = m \cdot l^2$	Kilogramm mal Quadratmeter kgm²		
11	Impuls p	$p = m \cdot v$	Kilogrammeter je Sekunde kgm/s (= kgms⁻¹)		
12	Kraft F	$F = m \cdot a$	Newton (sprich: njutn) N (1 N = 1 kg · 1 m/s²)	kN mN	Gewicht (G) in Newton $G = m \cdot g$ (Gewicht = Masse x Fallbeschleunigung)
13	Druck p Spannung (Zug oder Druck) σ Schubspannung τ	$p = \dfrac{F}{A}$	Pascal Pa (1 Pa = $\dfrac{1 \text{ N}}{1 \text{ m}^2}$ = 1 N/m²) Newton je Quadratmeter N/m² (= Nm⁻²)	MPa (1 MPa = 1 N/mm²) N/mm² N·cm²; kN/mm²; kN/cm²	1 Bar (bar) = 100 000 Pa 1 Millibar (mbar) = 100 Pa (nur bei Flüssigkeiten und Gasen)
14	Drehmoment Biegemoment M	$M = F \cdot l$	Newtonmeter Nm (= kgm²s⁻²)		
15	Arbeit W Energie E Wärmemenge Q	$W = F \cdot l$	Joule (sprich: dschul) J (1 J = 1 N · 1 m)	kJ	1 Wattsekunde (Ws) = 1 J = 1 kg m²/s²
16	Leistung P	$P = \dfrac{W}{t}$	Watt W (1 W = $\dfrac{1 \text{ J}}{1 \text{ s}}$ = $\dfrac{1 \text{ N} \cdot 1 \text{ m}}{1 \text{ s}}$)	MW kW	
17	Kelvin- Temperatur T		Kelvin K Basiseinheit	mK	
18	Celsius- Temperatur t		Grad Celsius °C		0 °C ≙ 273,15 K und $\Delta t = \Delta T$
19	Spezifische Wärmekapazität c	$c = \dfrac{Q}{m \cdot T}$	Joule je Kilogrammkelvin J/(kg · K) (= Jkg⁻¹K⁻¹)		
20	Wärmeleitfähigkeit λ	$\lambda = \dfrac{Q \cdot l}{A \cdot t \cdot T}$	Watt durch Meterkelvin W/(m · K) (= Wm⁻¹K⁻¹)		
21	Elektrische Stromstärke I		Ampere A Basiseinheit	kA mA	
22	Elektrische Spannung U	$U = \dfrac{P}{I}$	Volt V (1 V = $\dfrac{1 \text{ W}}{1 \text{ A}}$)	kV mV	
23	Elektrischer Widerstand R	$R = \dfrac{U}{I}$	Ohm Ω (1 Ω = $\dfrac{1 \text{ V}}{1 \text{ A}}$)	kΩ MΩ	

Tab. 2.2: Vorsilben zur Bildung von Vielfachen und Teilen im SI-System

Bildung von Vielfachen und Teilen			
Vorsilben	Zeichen	Faktoren	
Exa	E	$= 10^{18}$	1 000 000 000 000 000 000
Peta	P	$= 10^{15}$	1 000 000 000 000 000
Tera	T	$= 10^{12}$	1 000 000 000 000
Giga	G	$= 10^{9}$	1 000 000 000
Mega	M	$= 10^{6}$	1 000 000
Kilo	k	$= 10^{3}$	1 000
Hekto	h	$= 10^{2}$	100
Deka	da	$= 10^{1}$	10
Dezi	d	$= 10^{-1}$	0,1
Zenti	c	$= 10^{-2}$	0,01
Milli	m	$= 10^{-3}$	0,001
Mikro	µ	$= 10^{-6}$	0,000 001
Nano	n	$= 10^{-9}$	0,000 000 001
Piko	p	$= 10^{-12}$	0,000 000 000 001
Femto	f	$= 10^{-15}$	0,000 000 000 000 001
Atto	a	$= 10^{-18}$	0,000 000 000 000 000 001

In der Praxis kommen die Vielfachen und Teile mit den gesetzlichen Vorsatzzeichen zur Anwendung (Tab. 2.2).

Eine ausführliche Aufstellung der SI-Einheiten und ihre Beziehung zur Basiseinheit findet sich im Anhang A-1, sowie eine Tabelle zum Umrechnen der in Europa nicht mehr gültigen Einheiten in Anhang A-2. Eine ausführliche Tabelle zur Umrechnung amerikanischer Einheiten in das SI-System enthält [7].

Kapitel 3   Grundlagen der Anlagenbilanzierung

Bilanzrechnungen basieren auf den Grundsätzen der Erhaltung der Masse und der Energie und dienen zur Berechnung von Menge, Zusammensetzung, Druck und Temperatur aller in einem Prozeß enthaltenen Ströme. Da die Zustände der ein- und austretenden Ströme essentiell für den Entwurf der Apparate und Maschinen sind, ist es offensichtlich, daß die Bilanzierung an erster Stelle erfolgen muß.

Auch ist es unmöglich oder zumindest unpraktisch, in bestehenden Anlagen jede interessante Prozeßgröße zu messen. Bilanzen können dann helfen, Ströme und Zusammensetzungen aus anderen bekannten Informationen zurückzurechnen. Bilanzen sind somit sowohl im Entwurfsstadium als auch bei laufendem Betrieb nötig.

In den einzelnen Abschnitten dieses Kapitels wird auf die wesentlichen Grundlagen der Anlagenbilanzierung eingegangen, die für das Verständnis des in den darauffolgenden Kapiteln Gebrachten essentiell ist.

3.1 Erhaltungssätze

Grundprinzip der Anlagenbilanzierung ist die Erhaltung der Masse. Masse kann weder erzeugt noch vernichtet werden. Ausgenommen ist die Umwandlung der Masse Δm in die Energie Δe, die nach der Gleichung

$$\Delta e = \Delta m \cdot c^2 \tag{3.1}$$

erfolgt. c stellt hierin die Lichtgeschwindigkeit dar. Obwohl chemische Reaktionen meist mit Wärmetönungen verbunden sind, ist der Einfluß der Energieabgabe auf die Masse der an der Reaktion teilnehmenden Substanzen sehr gering.

Beispiel 3.1: Methanverbrennung

Ein Normalkubikmeter Methan verbrennt unter Abgabe von $37{,}19 \cdot 10^6$ J Wärme. Wie groß ist der Massendefekt bei der Reaktion?

Lösung:

Für die Berechnung wird angenommen, daß Methan bei 1 bar und 20 °C (293 K) sich wie ein ideales Gas verhält. Die Anzahl der Mole pro m^3 erhält man somit aus der idealen Gasgleichung (Zahlenwerte der Konstanten aus Anhang 3).

$$p \cdot V = n \cdot R \cdot T$$

$$n = \frac{p \cdot V}{R \cdot T} = \frac{1 \cdot 1}{0{,}0831433 \cdot 293{,}17} = 0{,}0410 \, \text{kmol}$$

Die Masse eines m³ Methan erhält man aus der Anzahl der Mole durch die Multiplikation mit der Molmasse $\tilde{M}$

$$\tilde{M}_{CH_4} = 16{,}043$$

1 m³ CH₄ enthält somit 16,043 · 0,041 = 0,658 kg CH₄.

Der Massenverlust durch die Abgabe der Energie beträgt nach Gl.(3.1):

$$\Delta m = \frac{\Delta e}{c^2}$$

Die Konstante für die Lichtgeschwindigkeit beträgt

$$c = 2{,}9979 \cdot 10^8 \, \text{m/s}.$$

$$\Delta m = \frac{37{,}19 \cdot 10^6}{(2{,}9979 \cdot 10^8)^2} \frac{J}{(m/s)^2} = 4{,}138 \cdot 10^{-10} \frac{J\,s^2}{m^2}$$

Da 1 J gleich 1 m²kg/s² ist (vgl. Tab. 2.1), ergibt sich

$$\Delta m = 4{,}138 \cdot 10^{-10} \, \text{kg}.$$

Bezogen auf die verbrannte Menge von 0,658 kg CH₄ ist der Massendefekt:

$$\Delta m = \frac{4{,}138 \cdot 10^{-10}}{0{,}658} = 6{,}289 \cdot 10^{-10} = 0{,}0000000629 \, \%,$$

bezogen auf die Gesamtmasse der reagierenden Substanzen CH₄ und O₂:

$$\Delta m = 0{,}0000000210 \, \%.$$

Dies ist weniger als ein Milliardstel, und somit weit außerhalb jeden Meßbereiches und der technisch erzielbaren Genauigkeit. Diese Folgerung gilt auch für andere verfahrenstechnische Prozesse, wie Trocknungs-, oder Eindampf-, oder Destillationsprozesse. Ausgenommen müssen nur solche Vorgänge werden, wo kernphysikalische Umwandlungen erfolgen. So ergibt sich z.B. bei der Vereinigung von 2 Protonen und 2 Neutronen zu einem He-Kern ein Massendefekt von 0,75 %. Für die Praxis des Verfahrenstechnikers ist jedoch Gl.(3.1) ohne jeden Belang. Es ist daher zielführend, für Masse und Energie getrennte Erhaltungssätze aufzustellen und anzuwenden. Impulsbilanzen, die den dritten Erhaltungssatz beschreiben, treten in ihrer Bedeutung zurück und werden nur am Rande erwähnt.

Unabhängig von der Art und dem Zweck einer Bilanzierung sind jedoch beim

3.1 Erhaltungssätze

Aufstellen von Bilanzen einige allgemeingültige Voraussetzungen zu berücksichtigen:

- Für jede Bilanz ist ein Bilanzraum zu definieren, der von den Bilanzgrenzen (der Bilanzhülle) eingeschlossen wird.
- Alle Ströme, welche die Bilanzgrenzen überschreiten, sind zu berücksichtigen, wobei die Richtung durch das Vorzeichen beschrieben wird.
- Alle Energien sind auf einen einheitlichen Bezugszustand (Temperatur, Lage, Druck, Geschwindigkeit) zu beziehen.
- Alle Ströme sind in den selben Einheiten zu bezeichnen (Masse, Energie, Zeit). Diese Basen sind in Grenzen frei wählbar.

Je nach Problemstellung unterscheidet man zwischen der Bilanz über

- ein differentielles Volumsteilchen dV
- ein endliches Volumen V
- oder eine Verfahrensstufe bzw.
- ein gesamtes Verfahren.

Wählt man ein differentielles Volumelement als Bilanzgebiet, so führt die Bilanzierung der Austauschgrößen auf Differentialgleichungen, durch deren Lösung das zeit- und ortsabhängige Verhalten der zu bilanzierenden Austauschgröße innerhalb der vorgegebenen Grenzen beschrieben wird. Die differentielle Darstellung kommt deshalb immer dann zur Anwendung, wenn man die zeitlichen und örtlichen Änderungen einer Austauschgröße zufolge der einzelnen im System ablaufenden Austauschvorgänge genau beschreiben und Kenntnis über die Konzentrations-, Temperatur- und Geschwindigkeitsprofile in einem Apparat erhalten will.

Die Erhaltungssätze zählen somit zu den wichtigsten Fundamenten der exakten Naturwissenschaften wie auch der Technik. Für uns stehen im Vordergrund:

- Der Erhaltungssatz der Masse und
- der Erhaltungssatz der Energie, auch als erster Hauptsatz der Thermodynamik bezeichnet.

Darüber hinaus lassen sich auch die thermodynamischen Größen Entropie und Exergie bilanzieren. Diese unterliegen jedoch keinem Erhaltungssatz.

Bezüglich des Bilanzraumes unterscheiden wir drei Systeme:

Abgeschlossene (isolierte) Systeme, durch deren Bilanzgrenzen weder Stoff- noch Energie- (Entropie-)ströme fließen,
- geschlossene Systeme, deren Grenzen nur Energie- (Entropie-)ströme durchdringen, die aber gegen Massenaustausch geschlossen sind und
- offene Systeme, deren Grenzen sowohl Massen- als auch Energie- (Entropie-)ströme durchdringen.

3.1.1 Das Massenerhaltungsgesetz

Bei Abwesenheit von Kernreaktionen und bei Geschwindigkeiten, die fern der des Lichtes sind, läßt sich also die Wechselwirkung von Masse und Energie vernachlässigen. Somit läßt sich der Massenerhaltungssatz wie folgt aufstellen:

Summe der austretenden Massenströme − Summe der eintretenden Massenströme = Anreicherung der Masse im System.

$$\sum_{i=1}^{k} \dot{m}_{Aus} - \sum_{j=1}^{l} \dot{m}_{Ein} = -\frac{\Delta m_s}{\Delta t} \tag{3.2}$$

Der Punkt über dem $\dot{m}$ zeigt, daß die Masse hier zeitbezogen als Massenstrom (Masse pro Zeiteinheit) eingesetzt wird. Gl.(3.2) beschreibt das instationäre Verhalten des Systems. In kontinuierlichen Prozessen trachtet man danach, zeitliche Schwankungen zu vermeiden. Der Term für die Anreicherung auf der rechten Seite der Gleichung wird im stationären Fall somit gleich Null.

$$\sum_{i=1}^{k} \dot{m}_{Aus} - \sum_{j=1}^{l} \dot{m}_{Ein} = -\frac{\Delta m_s}{\Delta t} = 0 \tag{3.3}$$

Im stationären Zustand sind also alle Größen zeitunabhängig, obwohl im praktischen Fall natürlich Schwankungen existieren. Ist ein System geschlossen, so daß keine Massenströme die Bilanzgrenzen durchströmen ($\dot{m}_{i,Ein} = 0$, $\dot{m}_{j,Aus} = 0$ für alle i und j), ist zwangsläufig wegen

$$\frac{\Delta m_s}{\Delta t} = 0 \tag{3.4}$$

die Gesamtmasse des Systemes konstant.

Beispiel 3.2: Behälterüberlauf

Einem Behälter mit Überlauf strömen 3 l/min kaltes Wasser zu. Die Entnahme beträgt 0,150 t/h. Wieviel läuft im stationären Betrieb (keine Anreicherung) über?

Lösung:

Vorerst wird ein Grundfließbild gezeichnet (Abb. 3.1).
Da die Mengen in verschiedenen Einheiten (m^3 bzw. kg und min bzw. h) gegeben sind, ist es erforderlich, Basisdimensionen zu wählen. Da das Volumen keinem Erhaltungssatz unterliegt − es verlassen z.B. einen Heizkessel mehr Liter Wasser als hineinrinnen −, wird das kg als Mengenbasis und die Sekunde als Zeitbasis gewählt. Es entspräche aber durchaus den Gewohnheiten in der Verfahrenstechnik, die Basis Stunde zu wählen, um handliche Zahlen zu erhalten.

3.1 Erhaltungssätze

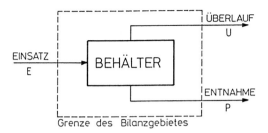

Abb. 3.1: Grundfließbild – Behälter mit Überlauf

Einsatz E = 3 l/min mit einer Dichte von = 1000 kg/m³

$$E = \frac{3\,l}{min} \cdot \frac{1000\,kg}{m^3} \cdot \frac{m^3}{1000\,l} \cdot \frac{min}{60\,s}$$

$$E = \frac{3 \cdot 1000}{60 \cdot 1000} \frac{l\,kg\,min\,m^3}{min\,m^3\,s\,l}$$

E = 0,050 kg/s

Entnahme P = 0,150 t/h

$$P = \frac{0,150\,t}{h} \cdot \frac{h}{3600\,s} \cdot \frac{1000\,kg}{t}$$

$$P = \frac{0,150 \cdot 1000}{3600} \frac{t\,h\,kg}{h\,s\,t}$$

P = 0,0417 kg/s

Nach der Definition des Bilanzgebietes können alle die Bilanzgrenzen überschreitenden Größen in Beziehung zueinander gesetzt werden.

Überlauf   U + P – E = 0

U = E – P = 0,050 – 0,04167 = 0,00833 kg/s

Es laufen somit 0,00833 kg/s Wasser über, was ca. 30 l/h entspricht.

Auf das Rechnen mit Dimensionen wird in Abschnitt 3.4 noch näher eingegangen werden.

Beispiel 3.3: Leerlaufen eines Behälters

Gegenüber den Angaben in Beispiel 3.2 soll die Entnahme auf 0,25 t/h gesteigert werden. Wie lange ist dieser Betrieb möglich, wenn der Behälterinhalt 0,3 m³ beträgt?

Lösung:

Es handelt sich um die Anwendung des Massenerhaltungssatzes im instationären Fall. Wieder müssen alle Mengen auf gleiche Dimensionen umgerechnet werden.

$E = 0{,}05$ kg/s

$P = 0{,}0694$ kg/s

$$P - E = -\frac{\Delta m_s}{\Delta t}$$

$$-\frac{\Delta m_s}{\Delta t} = 0{,}0694 - 0{,}05 = 0{,}0194 \text{ kg/s}$$

Der Inhalt nimmt um 0,0194 kg/s ab. Bei einem ursprünglichen Inhalt von 300 kg (0,3 m^3 mit 1000 kg/m^3) ergibt sich eine Entleerungszeit von

$$-dt = \frac{1}{0{,}0194} \, dm_s$$

$$t = \frac{1}{0{,}0194} (300 - 0)$$

$$t = 15.429 \text{ s} = 4 \text{ h } 17' \, 09''$$

Der Behälter läuft bei dieser Betriebsweise in 4,3 h leer. Obwohl alle Mengenströme stationär sind, ist der Vorgang insgesamt instationär, weil ein Speicher, der an den Bilanzgrenzen nicht erfaßt ist, sich im System verändert!

Gelegentlich kann es vorteilhaft sein, den Massenerhaltungssatz über die Erhaltung der Atomzahl zu definieren. Da die einzelnen Atome im Laufe eines Prozesses keiner Veränderung unterzogen werden, bleibt ihre Masse konstant. Die Erhaltung der Anzahl der Atome entspricht somit dem Massenerhaltungssatz. Als zusätzliche Information kann man berücksichtigen, daß nicht nur die Gesamtzahl der Atome, sondern die Zahl jeder Spezies von Atomen konstant bleibt. Dies gilt nicht für Moleküle! Moleküle können sich sowohl in der Anzahl jeder Art als auch in ihrer Gesamtzahl im Laufe eines Prozesses verändern.

Beispiel 3.4: Oxidation von H_2

Überprüfen Sie den Erhaltungssatz für Atom, Mol und Masse am Beispiel der vollständigen Verbrennung von 1 kmol H_2/h.

Lösung:

Die Gleichung für die Oxidation von H_2 lautet:

$$H_2 + \frac{1}{2} O_2 = H_2O$$

Das Grundfließbild für diesen Prozeß ist in Abb. 3.2 dargestellt.

Abb. 3.2: Grundfließbild zur Oxidation von H_2

Atombilanzen

Laut den Grundgesetzen der Stöchiometrie benötigt man 1/2 Mol O_2 zur Oxidation von 1 Mol H_2 zu H_2O (vgl. Kap. 3.3). Die Anzahl der Atome pro Mol beträgt $6{,}022 \cdot 10^{23}$ (Avogadro-Konstante). Die Atombilanz H_2 läßt sich nun wie folgt aufstellen:

Austritt – Eintritt = Anreicherung

1 kmol H_2O/h – 1 kmol H_2/h – 1/2 kmol O_2/h = – A

$6{,}022 \cdot 10^{23} \cdot 10^3$ (1 Atom H_2 + 1/2 Atom O_2) – $6{,}022 \cdot 10^{23} \cdot 10^3$ Atome H_2 – $0{,}5 \cdot 6{,}022 \cdot 10^{23} \cdot 10^3$ Atome O_2 = – ΔA

$\Delta A = 0$

Die Zunahme an Atomen ist Null. Es ändert sich weder die Atomzahl einer Spezies noch die Summe.

Molekülbilanzen

Wieder können die individuellen Molekülspezies bilanziert werden oder ihre Gesamtzahl.

H_2-Moleküle   Austritt – Eintritt = Anreicherung

0 – 1 kmol/h = ΔM_{H_2}

ΔM_{H_2} = – 1 kmol/h

O_2-Moleküle   Austritt – Eintritt = Anreicherung

0 – 1/2 kmol/h = ΔM_{O_2}

ΔM_{O_2} = – 1/2 kmol/h

H$_2$O-Moleküle   Austritt − Eintritt = Anreicherung

1 kmol/h − 0 = ΔM_{H_2O}

ΔM_{H_2O} = 1 kmol/h

Gesamtmolekülzahl $\Delta M = \Delta M_{H_2} + \Delta M_{O_2} + \Delta M_{H_2O}$

ΔM = − 1 − 1/2 + 1

ΔM = − 1/2 kmol/h

Weder die Molekülzahlen der einzelnen Spezies noch die der Summe aller bleibt konstant. Wie dennoch mit Molekülen bilanziert werden kann, wird in Kap. 6 erarbeitet.

Massenbilanzen

Eintritt: 1 kmol/h H$_2$ entspricht 2,02 kg/h
1 kmol/h O$_2$ entspricht 32,00 kg/h

Austritt: 1 kmol/h H$_2$O entspricht 18,02 kg/h

Austritt − Eintritt = Anreicherung

1 · 18,02 − (1 · 2,02 + 0,5 · 32) =
Δm = 0

Bei der Reaktion bleiben die Masse, die Gesamtzahl der Atome und die Zahl jeder Atomspezies konstant; die Anzahl der Moleküle verändert sich.

3.1.2 Das Energieerhaltungsgesetz

Nach dem Gesetz der Erhaltung der Energie kann Energie weder erzeugt noch vernichtet, wohl aber in andere Energiearten überführt werden (1. Hauptsatz der Thermodynamik). Die Gesamtenergie eines abgeschlossenen Systems bleibt konstant.

Für ein offenes System gilt analog dem Massenerhaltungsgesetz für die Energie

$$\sum_i \dot{E}_{Aus} - \sum_j \dot{E}_{Ein} = -\frac{\Delta E_s}{\Delta t} \qquad (3.5)$$

$\dot{E}$ bezeichnet die jeweiligen Energieströme, E_s den Energieeinhalt des Bilanzraumes.

3.1 Erhaltungssätze

Erscheinungsformen der Energie

Während die Masse nur eine Erscheinungsform hat, tritt die Energie in verschiedensten Variationen auf. Die wichtigsten hierbei sind:

- Potentielle Energie. Befindet sich eine Masse m in einer Höhe z über einem Bezugspunkt, so ergibt sich der Wert der potentiellen Energie zu

$$E_{Pot} = m \cdot g \cdot z \qquad kg \cdot \frac{m}{s^2} \cdot m \equiv J \qquad (3.6)$$

$$e_{Pot} = g \cdot z \qquad J/kg \qquad (3.7)$$

Die potentielle Energie E_{Pot} hängt von der Masse ab und ist somit eine extensive Größe. Wie bei jeder Energieangabe ist es wichtig, einen Bezugszustand (hier die Höhe z = 0) zu definieren. Für negative Werte von z wird E_{Pot} kleiner als Null.
In Form potentieller Energie läßt sich Energie speichern; das geschieht z.B. in Speicherkraftwerken.

- Kinetische Energie. Befindet sich eine Masse in Bewegung, läßt sich Energie durch Verzögerung dieser Masse in den Ruhezustand gewinnen. Der Wert der kinetischen Energie ist gegeben durch

$$E_{kin} = \frac{1}{2} m v^2 \qquad kg \cdot \frac{m^2}{s^2} = J \qquad (3.8)$$

$$e_{kin} = \frac{v^2}{2} \qquad J/kg \qquad (3.9)$$

v entspricht der Geschwindigkeit des Massenschwerpunktes des betrachteten Objektes. Wie die potentielle Energie, ist die kinetische eine extensive Größe, also von der Masse abhängig.

- Elektrische und magnetische Felder. Wie ein System durch seine Lage im Schwerefeld Energie beinhalten kann, kann es auch Energie im elektrischen oder magnetischen Feld besitzen. Ihre Bedeutung in der Verfahrenstechnik ist jedoch auf Spezialfälle beschränkt.

- Innere Energie. Wird einem Körper die Wärmemenge $\dot{Q}$ und die Arbeit W zugeführt, so erhöht sich seine innere Energie U um den Betrag

$$\Delta U = \dot{Q} + W \qquad J \qquad (3.10)$$

Ist die Arbeit nur durch eine Volumsarbeit gegeben, ist die zugeführte Arbeit

$$W = p \, \Delta V$$

mit p dem Druck und ΔV der Volumsänderung.

Oft ist es zweckmäßig, statt mit der inneren Energie U mit der Enthalpie H zu rechnen. Diese ist definiert durch

$$H = U + p \cdot V \qquad J \qquad (3.11)$$

bzw.

$$dH = dU + p \cdot dV + V \cdot dp \qquad J \qquad (3.12)$$

bei infinitesimalen Änderungen.

Die Enthalpie H erweist sich dann als vorteilhaft, wenn im stationären Betrieb in irgendeiner Apparatur – oder in ein Bilanzgebiet – Stoffe eingeführt werden und, nach einer Umwandlung, Arbeitsleistung oder Arbeitsaufnahme in dieser, wieder austreten. Mit diesen Stoffströmen wird nämlich nicht nur deren innere Energie U, sondern gleichzeitig die Einschubarbeit $p_E \cdot V_E$ zugeführt. Andererseits nehmen die austretenden Stoffströme die Energie $U_A + p_A \cdot V_A = H_A$ mit sich fort (Abb. 3.3).

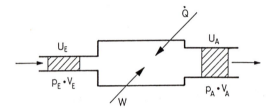

Abb. 3.3: Energieströme bei einem Strömungsvorgang

Arten der Energieübertragung

Energie kann Bilanzgrenzen auf verschiedene Arten überwinden:

- An Masse gebunden. Jedes Massenteilchen enthält die entsprechende potentielle, kinetische und innere Energie und transportiert diese durch die Bilanzhülle.
- Durch Arbeitsleistung. Leistet ein System Arbeit an die Umgebung, z.B. an einer Welle, die die Bilanzgrenzen durchdringt, ist diese in die Energiebilanz aufzunehmen.
- Durch Wärmeübertragung. Befindet sich ein System oder Teile davon so im Bilanzgebiet, daß seine Temperatur nicht gleich ist, wie in der Nachbarschaft außerhalb der Bilanzhülle, wird Energie in das oder aus dem System strömen. Diese Form der Energie nennt man Wärme; sie wird durch Temperaturdifferenzen übertragen. Wärme darf nicht mit Temperatur verwechselt werden. Wärme ist eine Energieform, die Temperatur ist eine intensive Eigenschaft eines Systems und eine Maßzahl für die treibende Kraft beim Wärmeaustausch.
- Elektromagnetische Strahlung und Feldeffekte. Diese Art des Energieaustausches kommt in der Verfahrenstechnik selten vor. Für die meisten Anwendungsfälle ist die einzige bedeutende Form die Infrarotstrahlung, die bei Trocknungsprozessen verwendet wird. Diese Strahlung läßt sich aber auch als eine Form des Wärmeaustausches beschreiben.

3.1 Erhaltungssätze

Unter Berücksichtigung der erwähnten Formen der Energie und der möglichen Arten der Übertragung erhält man aus Gl.(3.5) die allgemeine Gleichung für den Energieerhaltungssatz:

$$\sum_{i=1}^{k} (u_{i,\text{Ein}} + g \cdot z_{i,\text{Ein}} + \frac{v_{i,\text{Ein}}^2}{2}) \cdot \dot{m}_i - \sum_{j=1}^{l} (u_{j,\text{Aus}} + g \cdot z_{j,\text{Aus}} + \frac{v_{i,\text{Aus}}^2}{2}) \cdot \dot{m}_j - \dot{Q} - \dot{W} = -\frac{d}{dt}(u + g \cdot z + \frac{1}{2}v^2) \cdot m_s \quad (3.13)$$

Diese allgemeine Energiebilanzgleichung vereinfacht sich natürlich in einzelnen Fällen, wie z.B. dem stationären Zustand und in geschlossenen Systemen.

Für den stationären Zustand erhält man:

$$\frac{d}{dt}(u + g \cdot z + \frac{v^2}{2}) \cdot m_s = 0$$

und

$$\sum_{i=1}^{k} (u_{i,\text{Ein}} + g \cdot z_{i,\text{Ein}} + \frac{v_{i,\text{Ein}}^2}{2}) \cdot \dot{m}_i - \sum_{j=1}^{l} (u_{j,\text{Aus}} + g \cdot z_{j,\text{Aus}} + \frac{v_{j,\text{Aus}}^2}{2}) \cdot \dot{m}_j = \dot{W} + \dot{Q} \quad (3.14)$$

Geschlossene Systeme haben keinen Zustrom und Abfluß, somit ergibt sich:

$$\dot{Q} + \dot{W} = \frac{d}{dt}(u + gz + \frac{v^2}{2}) \cdot m_s \quad (3.15)$$

bzw. nach Integration von t_1 bis t_2

$$\dot{Q} + \dot{W} = [u + gz + \frac{1}{2}(v_2^2 - v_1^2)] \cdot m_s \quad (3.16)$$

Die Anwendung dieser Energieerhaltungssätze wird in Kap. 7 erklärt werden.

Beispiel 3.5: Energiebilanz eines Elektromotors

Um wieviele Grade würde sich ein Elektromotor pro Sekunde erwärmen, wenn er bei 110 V Spannung 15 A Strom aufnimmt und 1,25 kW leistet? Die Wärmeabgabe an die Umgebung beträgt 280 J/s. Der Motor wiegt 40 kg und besitzt eine mittlere spezifische Wärmekapazität von 0,6 kJ/kgK.

Lösung:

Hier hat man es mit verschiedenen Formen der Energie zu tun. Die Energiezufuhr erfolgt durch elektrische Energie. Abgegeben wird die Energie in Form von Arbeit an der Welle des Motors und in Form von Wärme an die Umgebung. Die verbleibende Energiemenge wird durch Erwärmung der Motormasse gespeichert.

Die aufgenommene Energiemenge (Bezeichnungen der Umwandlungen vgl. Tab. 2.1)

N_{Ein} = Spannung x Strom = $110 \cdot 15$ V $\cdot$ A $\equiv$ J/s

$N_{Ein} = 1650$ J/s

Die Wellenleistung beträgt $N_w = 1250$ J/s

Die Wärmeabgabe beträgt $\dot{Q} = 280$ J/s

Als Speicherterm verbleibt somit

$$m \cdot \frac{de}{dt} = N_{Ein} - N_w - \dot{Q}$$

$$\frac{de}{dt} = \frac{1}{40}(1650 - 1250 - 280)$$

$$\frac{\Delta e}{\Delta t} = \frac{120}{40} = 3 \text{ J/kg s}$$

Es verbleiben in jeder Sekunde 3 J pro kg Masse im Motor. Wegen der spezifischen Wärmekapazität von 600 J/kg K erwärmt sich der Motor nur gering:

$$\Delta T = \frac{3}{600} \frac{J}{kg \ s} \cdot \frac{kg \ K}{J}$$

$\Delta T = 0{,}005$ K/s

Die Erwärmungsgeschwindigkeit beträgt somit 0,005 K/s bzw. 18 K/h, wenn alle Energieströme gleich bleiben.

3.1.3 Das Impulserhaltungsgesetz

Das Impulserhaltungsgesetz hat für die eigentliche Bilanzierung keine Bedeutung, gehört aber zu den drei Erhaltungssätzen. Das Produkt aus Kraft F und Einwirkzeit τ oder aus Masse m und Geschwindigkeit v eines bewegten Körpers oder Fluids ist der Impuls

$$J = F\tau = mv.$$

Impulstransport tritt in strömenden Fluiden dann auf, wenn ein Geschwindigkeitsgefälle oder Konvektion vorliegt; der je Flächen- und Zeiteinheit in Richtung

3.1 Erhaltungssätze

dieses Geschwindigkeitsfeldes übertragene Impulsstrom ist dem Geschwindigkeitsgefälle als Triebkraft und der dynamischen Zähigkeit (innere Reibung) des Fluids direkt proportional.

Nach dem Gesetz der Impulserhaltung bleibt in einem abgeschlossenen System der Gesamtimpuls während der Bewegung nach Größe und Richtung konstant. Aus diesem Gesetz folgt für jeden Bilanzraum strömender Fluide, daß die Summe der zugeführten Impulse J_z gleich der Summe aller abgeführten Impulse J_A und Impulsverluste J_v ist.

$$\sum J_z = \sum J_A + \sum J_v = \text{const.}$$

Der bei stationärer Strömung in der Zeiteinheit in einen Bilanzraum eintretende Impuls gleicht der vektoriellen Summe der auf die Bilanzraumoberfläche wirkenden Druck- und Reibungskräfte, sowie der im Bilanzraum wirkenden Massekräfte; innere Reibungskräfte heben sich wechselseitig auf.

3.1.4 Entropie- und Exergiebilanzen

Während die Energie bei allen verfahrenstechnischen Prozessen einem Erhaltungssatz unterliegt, erfährt sie bei jeder Umformung einen Qualitätsverlust. Diese thermodynamische Irreversibilität der Prozeßführung wird durch Entropiebilanzen erfaßt. In isolierten Systemen nimmt folglich durch Abbau der vorhandenen Gradienten für Temperatur, Konzentration usw. die innere Entropie notwendigerweise zu, und kann bestenfalls, wenn vollständiges Gleichgewicht herrscht, konstant bleiben.

$$d_i S \geq 0 \tag{3.17}$$

Offene und geschlossene Systeme haben die Möglichkeit, laufend Energie und Entropie mit der Umgebung auszutauschen. Damit muß, anders als bei isolierten Systemen, die Entropie im System nicht notwendigerweise zunehmen. Bilanztechnisch gesehen läßt sich der zweite Hauptsatz für nicht-isolierte Systeme über die Entropieänderung dS mit der Zeit anschreiben

$$d_e S - d_i S = dS \tag{3.18}$$

Während $d_i S$, die Entropieänderung innerhalb des Systems immer größer oder gleich Null ist, kann $d_e S$ jeden Wert annehmen. Die Entropieänderung des nicht-isolierten Systems kann somit sowohl größer als auch gleich oder kleiner Null sein, je nachdem, ob $|d_e S|$ größer oder kleiner $|d_i S|$ ist. Im stationären Fall gilt

$$d_e S = d_i S; \qquad dS = 0.$$

Beispiel 3.6: Entropiebilanz der Erde

Die Erde stellt in thermodynamischer Sicht ein geschlossenes System dar. Durch die Sonne erfährt sie ständig eine Zufuhr hochqualitativer Energie. Gleichzeitig strahlt sie ständig gleich viel Energie in den Weltraum ab. Der Qualitätsunterschied ergibt sich aus den unterschiedlichen Temperaturen der Strahler Sonne (T > 6.000 K) und Erde (T ≈ 290 K) (Abb. 3.4). Die Energie, die die Erde jährlich importiert, entspricht ca. 5.400.000 EJ.

Abb. 3.4: Energieströme der Erde

Lösung:

Die Erde befindet sich als thermodynamisches System in einem weitgehend stationären Zustand. Ihre Temperatur bleibt praktisch gleich. Die Entropieänderung dS ist somit gleich Null. Wir erhalten

$$d_e S = S_{aus} - S_{ein} = d_i S$$

Für die Wärmeübertragung gilt $ds = dq/T$

3.1 Erhaltungssätze

$$S_{aus} = \frac{\dot{Q}_{aus}}{T_{aus}} = \frac{5.400.000}{290} = 18.621 \, \frac{EJ}{aK}$$

$$S_{ein} = \frac{\dot{Q}_{ein}}{T_{ein}} = \frac{5.400.000}{6.000} = 900 \, \frac{EJ}{aK}$$

$$d_i S = 17.721 \, \frac{EJ}{aK}$$

Mit Hilfe dieses Energieaustausches und des hierdurch ermöglichten Entropieexportes, vermögen wir unser inneres Ungleichgewicht auf der Erde aufrecht zu erhalten, was eine Voraussetzung für jegliches Leben ist.

Thermodynamische und technische Prozesse lassen sich auch über die Exergie beschreiben. Wiederum liegt kein Erhaltungssatz vor, so daß wir formulieren müssen:

$$\sum_{i=1}^{k} \dot{m}_{i,\,aus} \cdot e_{i,\,aus} - \sum_{j=1}^{l} \dot{m}_{j,\,ein} \cdot e_{j,\,ein} = \Delta E_v$$

ΔE_v beschreibt den Exergieverlust des Prozesses. Die Exergie, die den arbeitsfähigen Teil der Energie charakterisiert, erhält man für den Wärmestrom aus

$$e = (h - h_u) - T_u (s - s_u)$$

(e...Exergie, h...Enthalpie, s...Entropie, u...Umgebungszustand)

Der Differenzbetrag zur Energie wird als Anergie bezeichnet. Für chemisch reagierende Systeme (z.B. Brennstoffe) wird die Reaktionsenthalpie (z.B. der Heizwert) als 100 % Exergie angesetzt. Desgleichen ist elektrische Energie zu 100 % reine Exergie. Die Verwendung des Exergiebegriffes zur Beurteilung technischer Prozesse ist nach wie vor umstritten (vgl. [8] und [9]) und bedarf einer vorsichtigen Handhabung.

Beispiel 3.7. Sankeydiagramme

Für die vier Prozesse Drossel, Wärmetauscher, Mischer und reversibler Kreisprozeß, sind die Flußdiagramme (Sankeydiagramme) für Energie, Entropie und Exergie darzustellen.

Lösung:

Man sieht aus Abb. 3.5, daß sowohl der Drossel- als auch der Mischprozeß, obwohl sie beide als ineffektive Prozesse bekannt sind, keine Energieverluste aufweisen. Der thermodynamisch ideale reversible Kreisprozeß hingegen hat hohe Energieverluste, dagegen keine Entropieproduktion.

Nur der Exergiefluß weist aus, daß alle Prozesse verlustbehaftet sind.

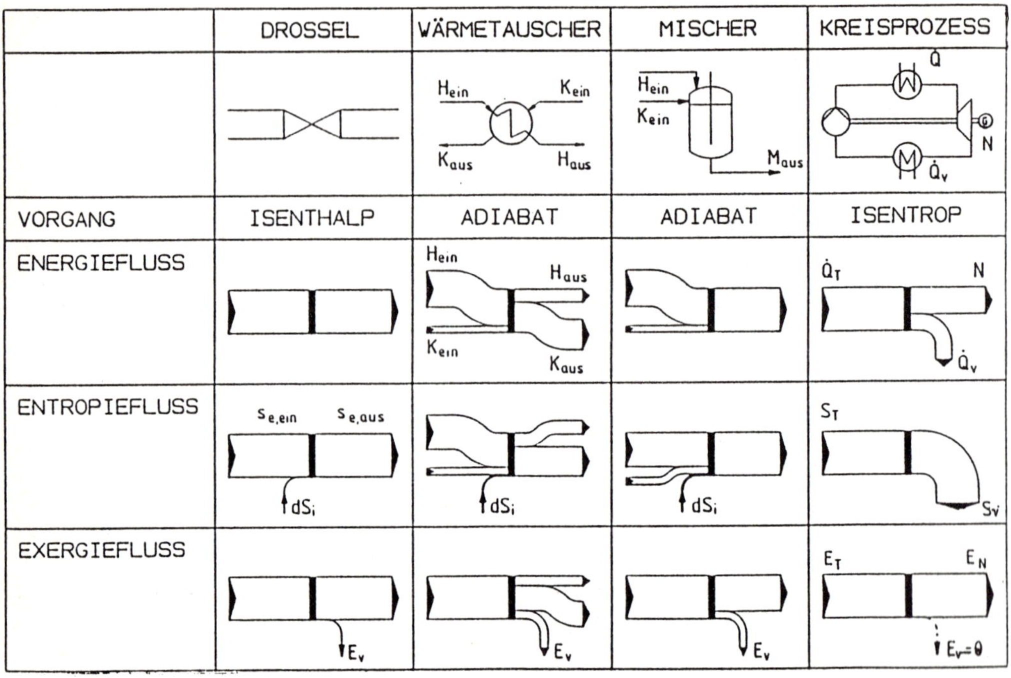

	DROSSEL	WÄRMETAUSCHER	MISCHER	KREISPROZESS
VORGANG	ISENTHALP	ADIABAT	ADIABAT	ISENTROP
ENERGIEFLUSS				
ENTROPIEFLUSS				
EXERGIEFLUSS				

Abb. 3.5: Sankeydiagramm für Energie, Entropie und Exergie

Angaben:
* Drossel: Wasser von 50 bar auf 1 bar
* Wärmetauscher:
  Kalter Strom: T_{ein} = 20 °C T_{aus} = 90 °C, Wasser
  Heißer Strom: T_{ein} = 110 °C T_{aus} = 40 °C, Wasser
* Mischer: Kalter und heißer Strom wie oben
* reversibler Kreisprozeß zwischen T_o = 800 K und T_u = 293 K (Umgebungstemperatur)

3.2 Konzentrationsmaße

Der thermodynamische Zustand einer einzelnen Phase eines Mehrstoffsystems kann mittels nachstehender Bestimmungsgrößen gekennzeichnet werden:

– Druck
– Temperatur
– Zusammensetzung.

Die Zusammensetzung beschreibt man als Verhältnis einzelner Komponentenmengen zu einer Bezugsgröße.

Für die Zusammensetzung eines Mehrkomponentensystems gilt:

3.2 Konzentrationsmaße

$$\text{Konzentrationsmaß} = \frac{\text{Menge der betreffenden Komponente}}{\text{Bezugsgröße}}$$

Die normgerechte Beschreibung der Zusammensetzungen legt DIN 1310 fest. Im Gegensatz zu den Mengen, stellen die Konzentrationsmaße, ebenso wie die Temperatur und der Druck, intensive Größen dar. Darunter versteht man Zustandsgrößen eines Systems, die nicht von der betreffenden Menge abhängen. Das Gegenteil dazu bilden die extensiven Größen.

Ein Beispiel dafür ist die Gesamtenthalpie H eines Systems. Für diese gilt $H = m \cdot h$. Während die spezifische Enthalpie h nur vom thermodynamischen Zustand des Systems abhängt, ist die Gesamtenthalpie H auch eine Funktion der Masse m und somit von einer Menge abhängig.

Als Mengenmaße kommen dabei verschiedene Größen zur Anwendung. Die wichtigsten sind:

a) Für die Menge der betrachteten Komponente:
   - die Masse
   - die Molmenge

b) Als Bezugsgröße:
   - die Masse (Gesamtmasse oder Masse einer Bezugskomponente)
   - die Molmenge (Gesamtmolmenge oder Molmenge einer Bezugskomponente)
   - das Volumen.

Daraus leiten sich sechs Möglichkeiten zur Beschreibung der Zusammensetzung eines aus mehreren Komponenten bestehenden Gemisches ab. Nachstehend sind die wichtigsten Konzentrationsmaße dargestellt:

a) *Massenanteil (Massenbruch):*

$$w_i = \frac{m_i}{m_1 + m_2 + m_3 + \ldots + m_k} = \frac{m_i}{\sum_{j=1}^{k} m_j} \tag{3.19}$$

bzw. mit 100 multipliziert in Prozenten (Massen %):

$$\text{Massen \%} = \frac{m_i}{\sum_{j=1}^{k} m_j} \cdot 100\,\% \tag{3.20}$$

Der Index i bezieht sich in diesem Zusammenhang stets auf eine der Einzelkomponenten $j = 1, 2, 3, \ldots k$, und k gibt jeweils die Anzahl der Komponenten wieder.

Für die Summe aller Massenanteile muß somit stets nachstehende Bedingung erfüllt sein:

$$w_1 + w_2 + w_3 + \ldots w_k = \sum_{j=1}^{k} w_j = 1 \tag{3.21}$$

b) *Stoffmengenanteil (Molenbruch, Molanteil):*

$$x_i = \frac{n_i}{n_1 + n_2 + n_3 + \ldots n_k} = \frac{n_i}{\sum_{j=1}^{k} n_j} \tag{3.22}$$

Mit 100 multipliziert erhält man analog zu Gl.(3.20) die entsprechende Darstellung in Prozenten (Mol %).

Besteht das betrachtete System nicht aus einer Mischphase alleine, sondern sind gleichzeitig die Zusammensetzungen mehrerer Gemische zu beschreiben, erweist es sich zur besseren Kennzeichnung der Einzelphasen im allgemeinen als sinnvoll, die Molenbrüche mit unterschiedlichen Buchstaben zu bezeichnen. So ist es beispielsweise üblich, die Molenbrüche der Komponenten zusammengesetzter flüssiger Phasen mit $x_1, x_2,\ldots, x_k$ zu beschreiben, während sie für die gas- bzw. dampfförmige Phase mit $y_1, y_2, \ldots, y_k$ angegeben werden.

Die Summe aller Molenbrüche ist:

$$x_1 + x_2 + x_3 + \ldots + x_k = \sum_{j=1}^{k} x_j = 1 \tag{3.23}$$

Bei der Beschreibung der Zusammensetzung einer Phase ist es jedoch in manchen Fällen zweckmäßiger, die Menge einer Komponente nicht wie bisher auf die Gesamtmenge zu beziehen, sondern auf die Teilmenge einer einzelnen bzw. mehrerer Bezugskomponenten. Als Bezugsmenge wird dabei bevorzugt diejenige Komponente gewählt, deren Menge während des betreffenden Prozesses stets gleich bleibt. Die betreffenden Verhältnisse werden vielfach auch als Beladungen bezeichnet.

c) *Massenverhältnis (Massenbeladung):*

Die Massenbeladung ist definiert als

$$W_i = \frac{m_i}{m_j} \tag{3.24}$$

3.2 Konzentrationsmaße

Der Zusammenhang zwischen Massenbeladung und Massenbruch ist entsprechend den Definitionen beider Größen beim Zweikomponentensystem durch die Beziehung

$$W_i = \frac{w_i}{1 - w_i} \quad (3.25)$$

gegeben. Umgekehrt errechnet sich der Massenbruch aus der betreffenden Massenbeladung nach der Beziehung (ebenfalls nur für zwei Komponenten)

$$w_i = \frac{W_i}{1 + W_i} \quad (3.26)$$

d) Stoffmengenverhältnis (Molbeladung):

Analog zu Gl.(3.24) gilt

$$X_i = \frac{n_i}{n_j} \quad (3.27)$$

Die Berechnung der Verhältniszahl X_i aus den entsprechenden Molanteilen erfolgt für zwei Komponentensysteme in derselben Weise, wie dies unter c) bereits für die betreffenden Massenkonzentrationsmaße erörtert wurde.

e) Konzentration und Dichte:

Bezieht man die Stoffmenge einer Komponente auf das von der Gesamtmenge eingenommene Volumen, so erhält man, wie bereits im Abschnitt 3.1.2 beschrieben, als Maß für die Zusammensetzung die Stoffmengenkonzentration der betreffenden Komponente c_i (mol/m^3).

Wählt man als Maß für die betreffende Menge die Masse m_i, so spricht man im speziellen von der partiellen Massenkonzentration oder Partialdichte ρ_i (kg/m^3).

Tabelle 3.1 faßt diese Möglichkeiten zusammen.

Beispiel 3.8: Konzentrationsumrechnung in einem Gasstrom

Die Zusammensetzung eines Gasstromes mit 8 Komponenten in einer Raffinerie ist in Molprozenten gegeben. Da der Strom einer wirtschaftlichen Bewertung ausgesetzt werden soll, muß die Zusammensetzung in Gew% errechnet werden.

Tab. 3.1: Verschiedene Konzentrationsmaße

Bezugsgröße \ Mengenmaß	kg	kmol
Gesamtmenge	Massenanteil Massenbruch	Stoffmengenanteil Molenbruch
Menge einer Bezugskomponente	Gewichtsverhältnis	Stoffmengenverhältnis
Volumen	Partialdichte	Konzentration

Die Zusammensetzung lautet:

O_2 7,0 %Mol
N_2 21,9 %Mol
CO_2 14,1 %Mol
H_2 7,3 %Mol
CH_4 19,8 %Mol
C_2H_6 19,6 %Mol
C_3H_8 7,6 %Mol
C_2H_4 2,7 %Mol

Lösung:

Zur Umrechnung der Zusammensetzung von Gew% in Mol% benötigt man die Molekularmasse der einzelnen Komponenten. Obwohl es zur Umrechnung direkte Beziehungen gibt (z.B. in [5]), ist es bei einer so großen Anzahl von Substanzen vorteilhaft, eine Tabelle zu erstellen (Tab. 3.2). Da die Konzentrationen von der Menge unabhängig sind, kann für die Umrechnung diese frei gewählt werden. Vorteilhaft ist es 1 kmol, oder wie in diesem Beispiel, 100 kmol zu nehmen.

Die Zusammensetzung von Dreistoffgemischen läßt sich sehr anschaulich im Dreiecksdiagramm darstellen (Abb. 3.6). Diese Darstellung beruht auf der Tatsache, daß die Summe der drei Höhen eines Punktes innerhalb eines gleichseitigen Dreieckes immer eine konstante Summe ($\equiv$ 100 %) ergeben. Die Eckpunkte des Diagrammes repräsentieren die Reinstoffe (100 % A, 100 % B, 100 % C), an den Seitenkanten liegen die Punkte, die Zweistoffgemische (z.B. Z; z_A = 0,2, z_B = 0,8) bezeichnen. Innerhalb des Dreieckes liegen ternäre Gemische (z.B. X; x_A = 0,5, x_B = 0,2, x_C = 0,3).

Die Gew% ergeben sich aus der Division der Masse der entsprechenden Substanz durch die Gesamtmasse multipliziert mit 100.

3.2 Konzentrationsmaße

Tab. 3.2: Lösung zu Beispiel 3.7

	kmol	Molekülmasse	kg	%Gew
O_2	7,0	32	224,0	8,04
N_2	21,9	28	613,2	22,0
CO_2	14,1	44	620,4	22,26
H_2	7,3	2	14,6	0,52
CH_4	19,8	16	316,8	11,37
C_2H_6	19,6	30	588,0	21,10
C_3H_8	7,6	44	334,4	12,00
C_2H_4	2,7	28	75,6	2,71
Σ	100,0	–	2787,0	100,00

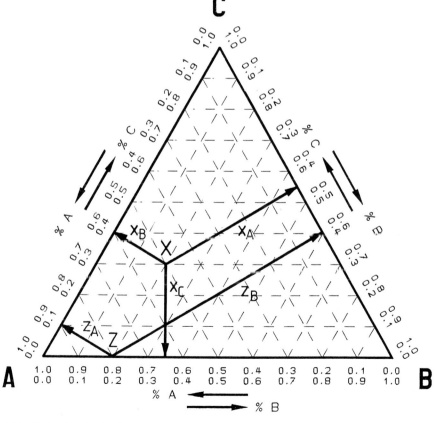

Abb. 3.6: Dreiecksdiagramm

3.3 Stöchiometrie und Mole

Bei der Bilanzierung ist es im allgemeinen nicht ausreichend, die vorhandenen Gemische nur auf Basis der Masse zu behandeln. Speziell in Systemen, wo Reaktionen auftreten, müssen die einzelnen chemischen Bestandteile betrachtet werden, aus welchen ein Gemisch besteht.

3.3.1 Molekül und Reaktion

Nach der atomaren Theorie der Masse bestehen Chemikalien aus Verbindungen, die man Moleküle nennt. Diese wiederum bestehen aus einem oder aus mehreren der ca. 130 bekannten Elemente, wodurch sie aus Anzahl, Art und Anordnung der Elemente beschreibbar werden.

Diese Beschreibung geschieht durch die chemische Summenformel, die die allgemeine Form $A_a B_b C_c$ hat, wobei jeder Großbuchstabe ein Element und jeder Index die Anzahl der im Molekül vorhandenen Elemente dieser Spezies bezeichnen.

Ein Prozeß, in dem aus einer oder mehreren Molekülarten eine oder mehrere neue Molekülarten entstehen, nennt man eine chemische Reaktion. Dieser Vorgang geht so vor sich, daß die Elemente in Art und Zahl bestehen bleiben und nur neu arrangiert werden. Die Atome unterliegen also einem Erhaltungssatz.

Da die Atomzahl gleich bleibt, folgt, daß bei einer Reaktion alle Moleküle in ganzzahligen Verhältnissen beteiligt sein müssen. Die übliche Darstellungsweise dieser Verhältnisse geschieht mit Hilfe einer stöchiometrischen Gleichung. Wenn a Moleküle der Spezies A mit b Molekülen der Spezies B zu c Molekülen der Spezies C und d Molekülen der Spezies D reagieren, schreibt man:

$$aA + bB \Leftrightarrow cC + dD$$

Die Koeffizienten a, b, c und d nennt man stöchiometrische Faktoren. Der Pfeil zeigt die Richtung einer irreversiblen Reaktion. Eine reversible Reaktion wird durch zwei Halbpfeile angezeigt. So schreibt man die reversible Reaktion von Kohlenmonoxid mit Wasserstoff zu Methan und Wasser wie folgt:

$$CO + 3H_2 \Leftrightarrow CH_4 + H_2O$$

Da die Anzahl jeder Spezies von Atomen links und rechts gleich sein muß, ist für H_2 ein stöchiometrischer Faktor von 3 anzusetzen.

Beispiel 3.9: Verbrennung von Butan

In der Verbrennungsreaktion von C_4H_{10} mit O_2 zu Wasser und CO_2

$$a\,C_4H_{10} + b\,O_2 \Leftrightarrow c\,CO_2 + d\,H_2O$$

sind die stöchiometrischen Faktoren zu ergänzen.

3.3 Stöchiometrie und Mole

Lösung:

Man setzt a gleich 1 und erhält aus der C-Bilanz die Bedingung

$c = 4$

und aus der H_2-Bilanz

$d = 5$.

Jetzt liegen $c + \dfrac{d}{2} = 4 + \dfrac{5}{2} = \dfrac{13}{2}$ O_2 Atome auf der rechten Seite vor. Hierdurch ist b gegeben

$b = \dfrac{13}{2} = 6{,}5$

Um gebrochene Zahlen zu vermeiden, können alle Faktoren verdoppelt werden

$2\ C_4H_{10} + 13\ O_2 = 8\ CO_2 + 10\ H_2O$.

Stöchiometrische Gleichungen zeigen sehr klar folgendes:

- Da die Anzahl und die Masse jeden Elementes konstant ist, bleibt auch die Gesamtmasse bei einer chemischen Reaktion konstant.
- Da sich die Anzahl der Moleküle jeder Substanz ändert, unterliegen Moleküle keinem Erhaltungssatz.
- Für Substanzen, die nicht an der Reaktion teilnehmen, gilt, daß Masse und Molzahl gleich bleiben.

Die mathematisch exakte Methode zur Berechnung der stöchiometrischen Faktoren wird in Kap. 6.3 besprochen.

3.3.2 Atom- und Molekülmassen

Während die stöchiometrischen Gleichungen angeben, in welchen Verhältnissen die Moleküle untereinander reagieren, haben wir es im technischen Bereich immer mit Massenströmen zu tun. Um Molekülmengen in Massen umwandeln zu können, verwendet man Begriffe wie Atommasse, Molekülmasse und Mol.

Die Atommasse eines Elementes ist seine Masse relativ zum zwölften Teil der Masse des C-12 Isotopes. Dies ist eine willkürliche Festlegung, wird aber international einheitlich befolgt.

Die Molekülmasse M (oft als Molekulargewicht bezeichnet) ist die Summe aller Atommassen im Molekül.

Ein Mol einer Substanz ist die Menge, die ebenso viele Einheiten beinhaltet, wie Atome in 12 g C-12 sind. Ist die Substanz ein Element, ist die Einheit ein Atom, ist die Substanz eine Verbindung, ist die Einheit ein Molekül. Da sowohl das Mol als auch das Molekulargewicht im Verhältnis zu C-12 definiert sind, folgt, daß ein Mol jeder Substanz soviele g wiegt, wie seine Molekularmasse beträgt. 1 kmol entspricht 10^3 mol.

Streng genommen ist die Molekülmasse dimensionslos, für die praktischen Rechnungen erweist es sich jedoch vorteilhaft, die Dimension kg/kmol bzw. g/mol anzusetzen.

3.4 Rechnen mit Dimensionen

Im Zuge verfahrenstechnischer Berechnungen ist man immer wieder gezwungen, Größen unterschiedlicher Einheiten miteinander in Verbindung zu setzen bzw. sie umzurechnen. Die Berücksichtigung der richtigen Einheiten ist somit essentiell, um ein korrektes Ergebnis zu erlangen.

Eine dimensionierte Größe ist eine Maßzahl mit den dazugehörigen Einheiten. Da sowohl Einheiten als auch Maßzahl wesentliche Größen sind, sollten stets beide bei Berechnungen angeschrieben werden. Für jeden Wert in einer Berechnung sollten die Einheiten klar ersichtlich mitgeschrieben werden, um die Konsistenz der Daten auch bei Zwischenschritten verfolgen zu können. Unter diesen Umständen können Einheiten wie allgemeine Variablen gebraucht werden. Das heißt:

– Addition oder Subtraktion ist nur bei gleichen Einheiten möglich:

2 kg/h + 5 kg/h = 7 kg/h
Entsprechend: $2 \cdot x/y + 5 \cdot x/y = 7 \cdot x/y$

– Bei der Multiplikation oder Division von dimensionsbehafteten Variablen sind auch die Einheiten zu multiplizieren bzw. dividieren:

3 m · 5 m · 7 m = 105 m^3
Entsprechend: $3x \cdot 5x \cdot 7x = 105 \, x^3$

6 kg / 2 kg = 3 (dimensionslos!)

5 kmol/s · 3600 s/h = 18000 kmol · s/s · h = 18000 kmol/h

Entsprechend diesen Regeln lassen sich Größen in andere Einheiten umrechnen, wenn die Umrechnungsfaktoren bekannt sind. Die Umrechnung erfolgt, indem man die Faktoren dimensionslos macht und den Wert 1 zuweist. Diese 1 kann dann in jede Beziehung hineinmultipliziert werden.

Beispiel 3.10: Addition von Energieströmen

Es sollen folgende vier Energieströme addiert werden:

N_1:   100   kW
N_2:   80   kJ/s

3.4 Rechnen mit Dimensionen

$\underline{N_3}$:   0,05   kWh/s
$\underline{N_4}$:   180   MJ/h

Lösung:

Eine direkte Addition der vier Zahlenwerte ist nicht möglich, wie oben ausgeführt wurde. Folglich ist es notwendig, eine Umrechnung auf eine gemeinsame Basis zu vollziehen. Welche der vier Größen gewählt wird, ist willkürlich. Als Einheit wird hier kJ/s gewählt.

$\underline{N_1}$:   1 kW = 1 kJ/s

$$1 = \frac{kJ}{kWs}$$

$N_1 = 100$ kW wird mit 1 ($= 1 \frac{kJ}{kWs}$) erweitert

$$N_1 = 100 \cdot 1 \frac{kW \cdot kJ}{kW \cdot s} = 100 \text{ kJ/s}$$

$\underline{N_2}$:   bleibt $N_2 = 80$ kJ/s

$\underline{N_3}$:   1 h = 3600 s   1 kW = 1 kJ/s

$$1 = \frac{3600 \text{ s}}{h} \qquad 1 = 1 \frac{kJ}{kW \cdot s}$$

$$N_3 = 0{,}05 \text{ kWh/s} \cdot 1 \cdot 1 = 0{,}05 \cdot 3600 \cdot 1 \frac{kW \cdot h}{s} \cdot \frac{s}{h} \cdot \frac{kJ}{kW \cdot s}$$

$$N_3 = 180 \text{ kJ/s}$$

$\underline{N_4}$:   1 h = 3600 s   1 MJ = 1000 kJ

$$1 = \frac{h}{3600 s} \qquad 1 = \frac{1000 \text{ } kJ}{MJ}$$

$$N_4 = 180 \text{ MJ/h} \cdot 1 \cdot 1 = 180 \cdot \frac{1}{3600} \cdot 1000 \frac{MJ}{h} \cdot \frac{h}{s} \cdot \frac{kJ}{MJ}$$

$$N_4 = 50 \text{ kJ/s}$$

Summation:
$$N = N_1 + N_2 + N_3 + N_4 = 410 \text{ kJ/s}$$

Kapitel 4 Stoffbilanzen in stationären Systemen ohne chemische Umwandlung

Stoffbilanzen in stationären Systemen ohne chemische Umwandlungen sind die einfachsten Bilanzprobleme. Dennoch sind sie extrem wichtig, weil sie in der Praxis häufig auftreten. Obwohl beinahe in jedem Produktionsprozeß das Kernstück eine chemische Umwandlung ist, sind der Großteil der Prozeßschritte bei der Vorbereitung der Einsatzstoffe und bei der Aufbereitung des Produktes rein physikalische und thermische Grundoperationen. Gemeint sind hier alle Vorgänge wie Trennen, Sieben, Sichten, Mahlen, Auflösen, Mischen und Transportieren, die im Endeffekt sowohl bei der Zahl der Grundoperationen als auch bei den Investitions- und Betriebskosten den Hauptanteil ausmachen. Die Verfahrensschritte mit chemischen Umwandlungen treten hiergegenüber zurück.

In diesem Abschnitt wird ausgehend von einfachen Problemen, die grundsätzliche Technik des Bilanzierens erarbeitet werden. Über die Analyse der Freiheitsgrade eines Bilanzproblemes wird erklärt werden, wie optimale Lösungswege bei komplexen, zusammengesetzten Problemen gefunden werden können. Sonderfälle, wie Verfahren mit Recycle und Bypass werden gesondert besprochen, ebenso Methoden zur Vereinfachung von zusammengesetzten Verfahren.

4.1 Stoffbilanzen auf Basis Mengenangaben und Zusammensetzungen

Wie im Abschnitt über die Erhaltungssätze erläutert wurde, ist ein stationäres System ein durch eine gedachte oder existierende Bilanzhülle aus dem Universum herausgeschnittener Teil, in dem über die Zeit gesehen, sich keine Masse anreichert, und das im Austausch von Materie in beiden Richtungen in gleichbleibender Größe mit der Umgebung steht.

Je nach der gestellten Aufgabe kann es sich hier um

– eine ganze Chemieanlage,
– eine funktionelle Einheit innerhalb der Anlage,
– eine Verfahrensstufe,
– einen Apparat, oder
– ein differentielles Volumenselement

handeln. Mitunter kommt als System eine ganze geographische Region (z.B. bei der Behandlung von Emissions- oder Immissionsvorgängen) in Frage.

Unabhängig von der inneren Komplexität kann jedoch jedes Bilanzgebiet als „Black-Box" behandelt werden, von der nur die ein- und austretenden Ströme interessieren.

4.1 Stoffbilanzen auf Basis Mengenangaben und Zusammensetzungen

Prinzipiell sollte für jedes Bilanzierungsproblem nach folgendem Schema vorgegangen werden:

1. Zeichnen eines Fließbildes
2. Festlegung der Bilanzgrenzen
3. Wahl der Berechnungsbasis
4. Wahl der Basisdimensionen
5. Aufstellung der Berechnungsgleichungen
6. Lösen der Berechnungsgleichungen
7. Darstellung des Ergebnisses

Beispiel 4.1: Verdampferanlage

Wieviel Wasser muß aus 1000 kg/h Ammoniumnitratlösung (NH_4NO_3) verdampft werden, wenn sie von 12 auf 60 Gew% konzentriert werden soll?

Lösung:

Die Verdampferanlage wird als „Black-Box" betrachtet. Wie sie ausgeführt ist, ob ein- oder mehrstufig bzw. nach welcher Technologie sie arbeitet, wird nicht berücksichtigt.

1. Fließbild

In Abb. 4.1 ist das Fließbild dargestellt; die gegebenen Mengen und Konzentrationen sind eingetragen. Weiters sind für die Ströme Kurzbezeichnungen (E-Einsatz, W-Wasser, P-Produkt) eingeführt worden. Die angedeutete Beheizung interessiert für die Stoffbilanz nicht, sondern dient nur der Klarstellung, um welchen Prozeß es sich handelt.

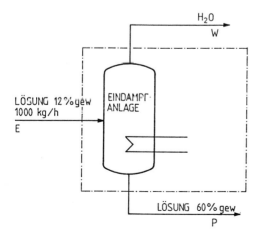

Abb. 4.1: Blockfließbild einer Verdampferanlage

2. Bilanzgrenzen
Durch die strichpunktierte Linie in Abb. 4.1 ist das Bilanzgebiet abgegrenzt. Die Bilanzhülle wird von den drei Massenströmen E, W und P durchdrungen. Die Ströme des Heizmediums nehmen an der Bilanzierung nicht teil, da die Energiebilanz nicht behandelt wird. Im Falle einer direkten Beheizung der Anlage (Einblasen des Dampfes) müßte jedoch die Dampfmenge in die Massenbilanz aufgenommen werden.

3. Basis
Die Wahl der Bezugsbasis ist durch die Einsatzmenge von 1000 kg/h vorgegeben.

4. Dimensionen
Die Wahl der Basisdimension kg für die Stoffmenge und h für die Zeit, liegt aus der Angabe heraus nahe.

5. Gleichungen
Als Berechnungsgleichung gilt der Erhaltungssatz für die Masse, und zwar für Wasser (Index W) und Ammoniumnitrat (Index A) sowie für die Gesamtmasse.

Gesamtstoffbilanz stationär:

$$\sum AUS - \sum EIN = 0$$
$$W + P - E = 0$$

NH_4NO_3-Bilanz:

$$\sum AUS - \sum EIN = 0$$
$$W \cdot w_{A,W} + P \cdot w_{A,P} - E \cdot w_{A,E} = 0$$
$$W \cdot 0 + P \cdot 0{,}6 = E \cdot 0{,}12$$

Wasserbilanz:

$$\sum AUS - \sum EIN = 0$$
$$W \cdot w_{W,W} + P \cdot w_{W,P} - E \cdot w_{W,E} = 0$$

und mit

$$w_{W,E} = 1 - w_{A,E} = 1 - 0{,}12 = 0{,}88$$

$$w_{W,W} = 1 - w_{A,W} = 1 - 0 = 1$$

$$w_{W,P} = 1 - w_{A,P} = 1 - 0{,}6 = 0{,}4$$

sowie

$$W \cdot 1 + P \cdot 0{,}4 - E \cdot 0{,}88 = 0$$

4.1 Stoffbilanzen auf Basis Mengenangaben und Zusammensetzungen

Die Gesamtstoffbilanz wurde in die Liste der Beziehungen aufgenommen, doch ist sie nicht unabhängig von den anderen. Da sie aus Addition der Komponentenbilanzen entsteht, gibt sie keine weitere Information. Sie sollte nur verwendet werden, wenn sie die Berechnungen wesentlich vereinfacht, und wenn dafür eine andere Gleichung im selben Bilanzkreis gestrichen wird.

6. Lösung
Es gibt zwei Unbekannte, W und P. Diese lassen sich aus zwei geeigneten Gleichungen berechnen:

$W + P = E = 1000$

$P \cdot 0{,}6 = E \cdot 0{,}12 = 120$

$P = 200$ kg/h

$W = 1000 - 200 = 800$ kg/h

Die Kontrolle kann über die dritte, bisher nicht verwendete Gleichung erfolgen.

$W + P \cdot 0{,}4 \stackrel{?}{=} E \cdot 0{,}88$

$880 \stackrel{?}{=} 800 + 200 \cdot 0{,}4 = 880$ (Kontrolle stimmt)

7. Ergebnis
Es müssen 800 kg/h Wasser abgetrennt werden. Die Bilanz läßt sich in Form einer Tabelle darstellen (Tab. 4.1).

Tab. 4.1: Tabellarische Darstellung des Ergebnisses aus Beispiel 4.1

Strombezeichnung		E	W	P
Produkt		Einsatz	Brüden	Konzentrat
H_2O	kg/h	880	800	80
NH_4NO_3	kg/h	120		120
Durchfluß	kg/h	1000	800	200

Eine andere Möglichkeit besteht in der Darstellung des Wasserflusses in Form eines Sankey-Diagrammes (Abb. 4.2). Diese Darstellung zeigt sehr eindrucksvoll, daß beinahe das ganze Wasser verdampft werden muß.

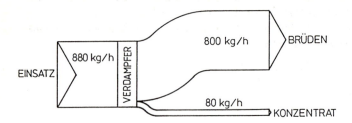

Abb. 4.2: Sankey-Diagramm des Wasserflusses in einer Anlage nach Beispiel 4.1

Im obigen Beispiel waren der bekannte Strom in seiner Gesamtmenge und der Zusammensetzung gegeben. Von den in der Menge unbekannten Strömen waren die Konzentrationen gegeben, in diesem Falle die Gewichtsbrüche. Es wäre ebenso möglich gewesen, daß die individuellen Massenströme ($\dot{M}_i$) bzw. Molenströme ($\dot{N}_i$) der Komponenten bekannt oder gesucht sind. Die Gesamtmenge eines Stromes ergibt sich aus der Summe der Komponentenmengen

$$\dot{N} = \sum \dot{N}_i \tag{4.1}$$

bzw.

$$\dot{M} = \sum \dot{M}_i \tag{4.2}$$

Der Punkt auf dem $\dot{N}$ bzw. dem $\dot{M}$ zeigt, daß die Größe auf eine Zeiteinheit bezogen ist (z.B. kg/h, kmol/s).

Hieraus sieht man, daß, wenn alle Komponentenströme gegeben sind, die Menge des gesamten Stromes eine linear abhängige Größe ist. Im obigen Beispiel durften somit auch nicht alle drei Bilanzgleichungen (Wasser, NH$_4$NO$_3$ und gesamt) zur Berechnung verwendet werden. Diese Tatsache ergibt sich aus

$$w_i = \frac{\dot{M}_i}{\dot{M}} \tag{4.3}$$

und

$$\sum w_i = 1 \tag{4.4}$$

Somit ist $\sum \dot{M}_i = \sum (w_i \cdot \dot{M}) = \dot{M} \sum w_i = \dot{M}$ linear kombiniert aus obigen Beziehungen.

Es ist somit bei Stoffbilanzen ohne chemische Reaktion prinzipiell unwesentlich, ob in partiellen Massenströmen oder Molströmen bzw. in Gesamtmassen und Massenbrüchen bzw. in Gesamtmassen und Massenbrüchen bzw. in Gesamtmol-

4.1 Stoffbilanzen auf Basis Mengenangaben und Zusammensetzungen

mengen und Molenbrüchen gerechnet wird. Die Entscheidung hierüber fällt auf Basis der einfachen Verfügbarkeit von Daten.

Für die vollständige Beschreibung eines Stromes aus k Komponenten sind k Angaben nötig, diese können sein:

- Die k Mengenströme (Mole oder Masse) jeder Komponente, oder
- die Gesamtmenge (Mole oder Masse) und (k - 1) Zusammensetzungen.

Im zweiten Falle errechnet sich die k-te Zusammensetzung aus

$$x_k = 1 - \sum_{i=1}^{k-1} x_i \tag{4.5}$$

bzw.

$$w_k = 1 - \sum_{i=1}^{k-1} w_i \tag{4.6}$$

Man kann somit sagen, daß jeder Strom aus k Komponenten durch k unabhängige Prozeßvariable beschrieben ist, nämlich der Menge und (k-1) Zusammensetzungen oder durch k Komponentenströme. Diese k Variablen beschreiben den einphasigen Stoffstrom vollständig; wir werden später sehen, daß bei Energiebilanzen zwei weitere – Druck und Temperatur – hinzukommen.

Beispiel 4.2: Verdampferanlage

a) Wieviele Prozeßvariablen beschreiben den Prozeß aus Beispiel 4.1?
b) Wie anders könnte eine vollständige Formulierung des Problemes aussehen?

Lösung:

a) Die Anzahl der unabhängigen Stromvariablen ist fünf. Menge und eine Zusammensetzung in Strom E, Menge und eine Zusammensetzung in Strom P und nur die Menge in Strom W, da dieser nur aus einer Komponente besteht ($k_W = 1$). Desgleichen könnte man die jeweilige Anzahl der Komponenten in den Strömen (Anzahl der Komponentenströme k_i) aufsummieren.

$$SV = k_E + k_P + k_W = 2 + 2 + 1 = 5$$

b) Da der Prozeß von zwei Bilanzgleichungen (für H_2O und NH_4NO_3) beschrieben wird, und fünf unabhängige Prozeßvariable beinhaltet, müssen drei unabhängige Variable gegeben sein. Es gibt hier viele Möglichkeiten:

E, $w_{A,E}$, $w_{A,P}$ (war gegeben)

E, $w_{A,E}$, P

E, $w_{A,E}$, W

$w_{A,E}$, $w_{A,P}$, P   usw.

Die Angabe von E, $w_{A,E}$ und $w_{W,E}$ genügt nicht, da $w_{A,E}$ und $w_{W,E}$ durch

$w_{A,E} + w_{W,E} = 1$

nicht unabhängig voneinander sind. Ebenso genügt die Angabe von

E, W und P

wegen $E = W + P$ nicht.

Die Vorgangsweise der Bilanzierung und die Festlegung der Prozeßvariablen ist natürlich nicht an den Fall mit einem Eingangsstrom und zwei Produkten gebunden.

Beispiel 4.3: Konzentration von Abfallsäure

Die Abfallsäure eines Nitrierungsprozesses enthält 23 % HNO_3, 57 % H_2SO_4 und 20 % H_2O in Gewichtsprozenten. Diese Säure soll durch Zugabe von 93 %iger H_2SO_4 und 90 %iger HNO_3 auf 27 % HNO_3 und 60 % H_2SO_4 verstärkt werden. Zu berechnen ist, wieviel Abfallsäure und Zusätze notwendig sind, um 1000 kg/h der gemischten Säure zu erhalten (1000 kg/h verstärkte Säure).

Lösung:

1.
Das Fließbild ist in Abb. 4.3 dargestellt.

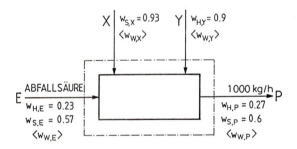

Abb. 4.3:   Berechnungsfließbild zur Säureaufkonzentration

2.
Die Bilanzgrenzen sind in Abb. 4.3 eingezeichnet. Sie werden von vier Strömen durchdrungen.

4.1 Stoffbilanzen auf Basis Mengenangaben und Zusammensetzungen

3.
Die Berechnungsbasis ist mit der Produktmenge P = 1000 kg/h vorgegeben. Die Konzentrationen in spitzen Klammern < > sind linear abhängige!

4.
Als Basisdimension eignen sich kg und h.

5.
Es bestehen SV = 10 unabhängige Stromvariable. Sie berechnen sich aus der Summe der Anzahl der Komponenten k in den einzelnen Strömen.

$$SV = k_E + k_X + k_Y + k_P = 3 + 2 + 2 + 3 = 10$$

Außerdem sind sechs unabhängige Konzentrationen gegeben. Eine siebente, ebenfalls in der Angabe enthalten, ist linear von zwei anderen abhängig:

$$w_{H,E} + w_{S,E} + w_{W,E} = 0{,}57 + 0{,}23 + 0{,}20 = 1$$

Als siebende Prozeßgröße ist die Menge an verstärkter Säure bekannt (P = 1000). Bei 10 unabhängigen Stromvariablen und 7 unabhängigen Prozeßgrößen sind 10 - 7 = 3 weitere Beziehungen nötig. Diese sind durch die Bilanzen der drei vorhandenen Substanzen gegeben bzw. durch die Gesamtbilanz und zwei Komponentenbilanzen.

$$P - E - X - Y = 0$$

$$P \cdot w_{H,P} - E \cdot w_{H,E} - X \cdot 0 - Y \cdot w_{H,Y} = 0$$

$$P \cdot w_{S,P} - E \cdot w_{S,E} - X \cdot w_{S,X} - Y \cdot 0 = 0$$

$$<P \cdot w_{W,P} - E \cdot w_{W,E} - X \cdot w_{W,X} - Y \cdot w_{W,Y} = 0>$$

6.
Diese linearen Gleichungen lassen sich in Matrizenform bringen; die Bilanzgleichung für das Wasser wird weggelassen, da sie linear abhängig ist. Die numerische Lösung erfolgt durch übliche Algorithmen.

$$0{,}4787\ Y = 92{,}6087$$

$$Y = \frac{92{,}6087}{0{,}4787} = 193{,}46 \text{ kg/h}$$

$$X = \frac{0{,}67 \cdot 193{,}46 - 40}{0{,}23} = 389{,}64 \text{ kg/h}$$

$$E = P - X - Y = 1000 - 389{,}64 - 193{,}46 = 416{,}90 \text{ kg/h}$$

	E	X	Y	P
gesamt	1	1	1	1
Salpetersäure	WH,E	0	WH,Y	WH,P
Schwefelsäure	WS,E	WS,X	0	WS,P

$$=\begin{bmatrix} 1 & 1 & 1 & 1000 \\ 0{,}23 & 0 & 0{,}9 & 270 \\ 0{,}57 & 0{,}93 & 0 & 600 \end{bmatrix}=$$

$$=\begin{bmatrix} 1 & 1 & 1 & 1000 \\ 0 & -0{,}23 & 0{,}67 & 40 \\ 0 & 0{,}36 & -0{,}57 & 30 \end{bmatrix}=$$

$$=\begin{bmatrix} 1 & 1 & 1 & 1000 \\ 0 & -0{,}23 & 0{,}67 & 40 \\ 0 & 0 & 0{,}4787 & 92{,}6087 \end{bmatrix}$$

Kontrolle über H_2O-Bilanz:

$P \cdot 0{,}13 - E \cdot 0{,}2 - X \cdot 0{,}07 - Y \cdot 0{,}1 = ?$

$1000 \cdot 0{,}13 - 416{,}90 \cdot 0{,}2 - 389{,}64 \cdot 0{,}07 - 193{,}46 \cdot 0{,}1 = 0$

Die Kontrolle geht auf.

7.
Es sind 416,90 kg/h Abfallsäure, sowie 389,64 kg/h Schwefelsäure und 193,46 kg/h Salpetersäure nötig. Die Strommatrix ist in Tab. 4.2 dargestellt.

Tab. 4.2: Strommatrix zur Lösung von Beispiel 4.4

Strombez.	E	X	Y	P
Produkt	Abfallsäure	Schwefelsäure	Salpetersäure	Starksäure
H_2O kg/h	83,38	27,27	19,35	130
H_2SO_4 kg/h	237,63	362,37	-	600
HNO_3 kg/h	95,89	-	174,11	270
Menge kg/h	416,90	389,64	193,46	1000

Ist im Gegensatz zu den bisher gebrachten Beispielen kein Massenstrom gegeben, kann dieser frei gewählt werden. Bei der Analyse der bekannten Systemgrößen kann diese frei gewählte Basis sodann hinzugezählt werden.

4.2 Stoffbilanzen auf Basis zusätzlicher Informationen

Bei den vergangenen Beispielen haben wir gesehen, daß Stoffbilanzen auf folgenden Voraussetzungen beruhen:

- dem gewählten Verfahren mit den Ein- und Ausgangsströmen,
- den Stromvariablen (Menge und Zusammensetzung),
- den unabhängigen Bilanzgleichungen und
- der Basis für die Berechnungen.

Bei vielen praktischen Problemen hat man jedoch andere Bedingungen gegeben, die Anzahl der unbekannten Variablen zu verringern imstande sind. Diese zusätzlichen Informationen können unterschiedlich aussehen, sind jedoch oft als Beziehungen einzelner Variablen untereinander gegeben. Prinzipiell gibt es drei Möglichkeiten, Beziehungen von Variablen untereinander zu beschreiben:

- Teilweise Abtrennung (z.B. 40 % des Stromes wird abgeblasen)
- Verhältnisse in den Zusammensetzungen (z.B. $x_{O2}/x_{N2} = 21/79$)
- Verhältnisse unter Strömen (z.B. A/B = 0,25).

Unabhängig davon, wie diese Gleichungen aussehen, müssen sie als zusätzliche Information in die Bilanzierung hineingenommen werden, um das Problem lösen zu können.

Beispiel 4.4: Trennkolonne

Ein Einsatzstrom von 1000 mol/h und der angegebenen Zusammensetzung (Mol%) soll in zwei Fraktionen getrennt werden. Dies geschieht in einer Destillationsanlage, wobei das Destillat das gesamte Propan und 80 % des Isopentan enthalten soll; gleichzeitig soll der Molenbruch des Isobutan 40 % betragen. Das Bodenprodukt soll das gesamte n-Pentan enthalten. Berechnen Sie die Zusammensetzungen.

Einsatz:	Propan	(C_3)	20 %
	Isobutan	(iC_4)	30 %
	Isopentan	(iC_5)	20 %
	n-Pentan	(C_5)	30 %

Lösung:

Man geht wieder wie beschrieben vor.

1.

Das untersuchte Verfahren besteht nur aus einer Trennkolonne (Abb. 4.4). Alle normal geschriebenen Variablen sind gegebene Größen; Konzentrationen in kursiver Schrift sind unbekannt. Angaben in spitzen Klammern sind linear abhängig.

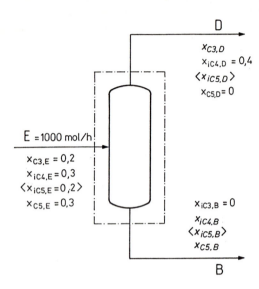

Abb. 4.4: Berechnungsfließbild zur Trennkolonne

2.
Die Bilanzgrenzen sind in Abb. 4.4 eingezeichnet.

3.
Die Berechnungsbasis ist E = 1000 mol/h.

4.
Die Basisdimensionen sind mol und h.

5.
Das System besteht aus einer Trennkolonne mit drei Strömen: Einsatz, Destillat und Bodenprodukt. Nimmt man an, daß in jedem Strom alle vier Komponenten enthalten sind, gibt es 12 Stromvariablen, und zwar die Gesamtmenge und drei Zusammensetzungen in jedem Strom bzw. je vier Komponentenströme. Da das System vier Komponenten beinhaltet, ist es möglich, vier voneinander unabhängige Bilanzgleichungen aufzustellen. Aus der Angabe sind folgende Bedingungen bekannt:

- Drei unabhängige Zusammensetzungen im Einsatzstrom, z.B. 20 % C_3, 30 % i-C_4 und 20 % i-C_5.
- Zwei unabhängige Zusammensetzungen im Destillat, 0 % C_5 und 40 % i-C_4.
- Eine Bodenproduktzusammensetzung 0 % C_3.
- Eine Strommenge, E = 1000 mol/h.

4.2 Stoffbilanzen auf Basis zusätzlicher Informationen

Diese Größen sind in Abb. 4.4 bereits eingetragen. Die Molenbrüche von i-C$_5$ sind in spitzer Klammer, um zu zeigen, daß sie in den Berechnungen nicht verwendet werden. Es stehen für 12 Stromvariablen folgende Gleichungen bzw. Angaben zur Verfügung.

4	Bilanzgleichungen
3	gegebene Zusammensetzungen in E
2	gegebene Zusammensetzungen in D
1	gegebene Zusammensetzung in B
1	Strommenge E
11	Beziehungen

Es fehlt somit zur Bestimmung der 12 Stromvariablen noch eine Beziehung, die durch den Anteil des eingesetzten i-C$_5$ im Kopfprodukt gegeben ist. Die Gleichungen lauten somit:

Gesamtbilanz: $D + B - E = 0$

C$_3$-Bilanz: $D \cdot x_{C3,D} - 0{,}2 \cdot E = 0$

i-C$_4$-Bilanz: $D \cdot 0{,}4 + B \cdot x_{iC4,B} - 0{,}3 \cdot E = 0$

<i-C$_5$-Bilanz: $D(1-0{,}4-x_{C3,D}) + B(1-x_{iC4,B}-x_{C5,B}) - 0{,}2 \cdot E = 0$>

C$_5$-Bilanz: $B \cdot x_{C5,B} - 0{,}3 \cdot E = 0$

Basis: $1000 - E = 0$

Fraktion: $0{,}8 \, (0{,}2 \cdot E) = D \, (1 - 0{,}4 \cdot x_{C3,D})$

6.
Diese letzte Beziehung ersetzt eine Bilanzgleichung. Basis, C$_3$-Bilanz und Fraktionsgleichung ergeben: $D = 600$ und $x_{C3,D} = 0{,}333$.

Aus der Gesamtbilanz ergibt sich: $B = 400$.

Die i-C$_4$-Bilanz gibt $x_{iC4,B} = 0{,}15$ und die C$_5$-Bilanz gibt das letzte Ergebnis: $x_{C5,B} = 0{,}75$.

7.
Die Ergebnisse werden vorteilhaft in einer Tabelle dargestellt (Tab. 4.3).

Tab. 4.3: Ergebnisse zu Beispiel 4.4

Strombez.	E	D	B
Produkt	Einsatz	Destillat	Bodenprodukt
C_3 mol/h	200	200	-
$i\text{-}C_4$ mol/h	300	240	60
$i\text{-}C_5$ mol/h	200	160	40
C_5 mol/h	300	-	300
Menge mol/h	1000	600	400

Wie das Verhältnis von Strömen, kann auch das Verhältnis von Konzentrationen in einem oder in verschiedenen Strömen als zusätzliche Gleichung verwendet werden. Allgemein erhält man hier

$$x_{i,A} = K \cdot x_{j,B}$$

als zusätzliche Bedingung. Solche Gleichungen werden meist als Erfahrungswerte aufgestellt oder aus Bedingungen, z.B. aus der Stöchiometrie für eine nachfolgende Reaktion. Hier gilt dann für die Massenströme m (A wird geteilt in B und C):

$$\frac{\dot{m}_{i,A}}{\dot{m}_{j,A}} = \frac{\dot{m}_{i,B}}{\dot{m}_{j,B}} = \frac{\dot{m}_{i,C}}{\dot{m}_{j,C}}$$

Natürlich können auch komplexere Beziehungen auftreten, z.B. wenn ein Feststoff absedimentiert und die Lösung aus der dies geschieht, abgezogen wird.

Eine weitere Möglichkeit, zusätzlich Bedingungen zu berücksichtigen, ist gegeben, wenn Verhältnisse zwischen Strömen eingehalten werden müssen:

$$\frac{F_A}{F_B} = R$$

Diese Beziehung tritt besonders dann auf, wenn Einsatzströme in einen Prozeß in einem bestimmten Verhältnis zueinander stehen müssen.

Beispiel 4.5: Solventextraktion

Es ist in vielen Fällen möglich, eine Substanz aus einer Lösung zu entfernen, indem man ein zweites Lösungsmittel zusetzt, das mit dem ersten unmischbar ist, aber die zu entfernende Substanz gut löst. Diese Grundoperation nennt man Solventextraktion. In unserem Beispiel soll aus einem verunreinigten Benzolstrom aus einer Raffinerie (70 % Masse Benzol in einem Gemisch von Paraffinen und Naphthenen) mittels SO_2 eine Reinigung erzielt werden. Wenn 3 kg SO_2 pro 1 kg Einsatzstrom verwendet werden, erhält man ein Raffinat mit 1/6 (Massenbruch) SO_2 und dem Rest Benzol. Das Extrakt enthält das restliche SO_2, alle Verunreinigungen und 1/4 kg Benzol pro kg Verunreinigungen. Berechnen Sie unter diesen

4.2 Stoffbilanzen auf Basis zusätzlicher Informationen

Bedingungen die prozentuelle Ausbeute an Benzol (kg Benzol im Raffinat pro kg Benzol im Einsatz).

Lösung:

1.: Fließbild
Der Aufbau der Extraktionsanlage interessiert für die Bilanzrechnungen nicht. Die kursiv geschriebenen Konzentrationen bezeichnen wieder unbekannte Größen.

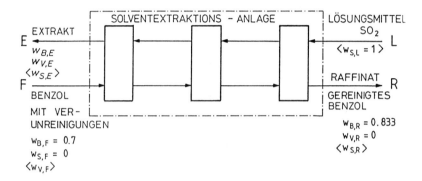

Abb. 4.5: Fließbild zur Solventextraktionsanlage

2.
Die Bilanzgrenzen werden so gelegt, daß die vier Ströme geschnitten werden, über die Angaben bestehen.

3.
Es ist keine Berechnungsbasis vorgegeben; sie ist somit frei wählbar, z.B. F = 1000 kg/h.

4.
Als Basiseinheiten eignen sich kg und h.

5.
Es kommen 3 Komponenten vor.

- Benzol (Index B)
- SO_2 (Index S)
- Verunreinigungen (als eine Komponente behandelt, Index V)

Da der Strom L nur aus einer Substanz (SO_2) besteht, gibt es $3 \cdot 3 + 1 = 10$ Stromvariablen.

Gegeben sind

$w_{B,F} = 0{,}7$

$w_{S,F} = 0$

$w_{B,R} = (1 - 1/6) = 0{,}8333$

$w_{V,R} = 0$

als Konzentrationsangaben.

Außerdem als Verhältnisse:

$F/L = 1/3$

und

$(E \cdot w_{B,E}) / (E \cdot w_{V,E}) = 1/4 = w_{B,E} / w_{V,E}$

Hierzu kommen noch drei unabhängige der vier verfügbaren Bilanzgleichungen.

Gesamtstoff: $\quad E + R - L - F = 0$

Benzol: $\quad E \cdot w_{B,E} + R \cdot 0{,}8333 - F \cdot 0{,}7 = 0$

Verunreinigungen: $\quad E \cdot w_{V,E} - F \cdot 0{,}3 = 0$

SO_2: $\quad R/6 + E(1 - w_{B,E} - w_{V,E}) - L = 0$

Somit sind 9 Beziehungen für die 10 Stromvariablen gegeben. Als letzte kommt die – frei gewählte – Basis $E = 1000$ hinzu.

6.
Es ergibt sich $L = 3000$ und

$E \cdot w_{B,E} = 75$

woraus mit der Benzolbilanz erhalten wird

$R = 750$ kg/h.

Aus den restlichen Bilanzen erhält man

$E = 3250$ kg/h

und schließlich

$w_{B,E} = 0{,}0231 \quad$ sowie $\quad w_{V,E} = 0{,}09231$.

7.
Der gewonnene Benzolanteil aus dem Prozeß ist

$$\frac{R \cdot w_{B,R}}{F \cdot w_{B,F}} = \frac{750 \cdot 0{,}8333}{1000 \cdot 0{,}7} = \frac{625}{700} = 0{,}893 = 89{,}3\,\%$$

4.3 Freiheitsgrade bei Massenbilanzen

Die bisherigen Berechnungen von Stoffbilanzen in offenen Systemen konzentrierten sich auf die einzelnen Komponenten und auf vier Begriffe: Stromvariablen, Erhaltungssätze, direkt spezifizierte Information und weiterführende ergänzende Beziehungen. Die eigentliche Bilanzierung bestand dann in der Lösung des meist linearen, aber zum Teil nichtlinearen Gleichungssytemes.

Bei Gleichungslösungen interessieren zwei Aspekte:

– Bietet das Gleichungssystem eine geeignete Lösung und
– wenn nicht, welche Angaben fehlen oder widersprechen sich?

Die Entscheidung darüber, ob das aufgestellte algebraische Modell eine physikalisch realistische Lösung ergibt, ist allgemein schwierig. Aber es gibt eine Methode, die einen sicheren Hinweis darauf geben kann, wann eine Lösung nicht möglich ist: Der Freiheitsgrad eines Systems.

Gibt es weniger Beziehungen als Unbekannte, so ist eine Problemlösung unmöglich. Gibt es mehr Gleichungen, kann man die überflüssigen streichen. Dies ist jedoch nicht ganz ungefährlich, denn wenn es Inkonsistenzen bei den Angaben gibt, hängt die Lösung davon ab, welche Gleichungen gestrichen werden. Es ist deshalb immer sinnvoll zu prüfen, ob die Anzahl der Variablen und Gleichungen ausgeglichen ist. Das Maß für diese Ausgeglichenheit ist der „Freiheitsgrad" FG.

Der Freiheitsgrad ergibt sich:

FG = Anzahl der unabhängigen Stromvariablen –
  – Gesamtzahl der unabhängigen Erhaltungssätze –
  – Gesamtzahl der gegebenen unabhängigen Stromvariablen
        (Konzentrationen, Mengen) –
  – Gesamtzahl der ergänzenden Beziehungen.

Ist FG > 0, ist das Problem unterbestimmt und es können nicht alle Stromvariablen berechnet werden. Ist FG < 0, ist das Problem überbestimmt und die überzähligen (möglicherweise inkonsistenten) Informationen müssen beseitigt werden, bevor eine eindeutige Lösung erarbeitet wird. Nur wenn der Freiheitsgrad Null ist, ist das Problem exakt definiert und lösbar, obwohl selbst hier noch das Risiko besteht, daß voneinander abhängige Beziehungen verwendet werden.

Beispiel 4.6: Destillationsanlage

Es sind die Angaben zu Beispiel 4.4 in Hinblick auf den Freiheitsgrad zu untersuchen.

Lösung:

Wie oben gezeigt wurde, gibt es bei diesem Problem 12 Stromvariable. Für 4 Substanzen gibt es 4 Erhaltungssätze, 6 Zusammensetzungsangaben sind bekannt, sowie 1 Mengenstrom. Schließlich ist zusätzlich eine Verhältnisbeziehung bekannt. FG läßt sich somit berechnen.

Anzahl der Stromvariablen		12
Anzahl der Bilanzgleichungen	4	
Anzahl der bekannten Zusammensetzungen	6	
Anzahl der bekannten Ströme	1	
Anzahl der zusätzlichen Beziehungen	1	
	12	−12
Freiheitsgrade		0

Das Problem ist korrekt spezifiziert, was schon daraus erkannt wurde, daß es eine eindeutige Lösung bei der Durchrechnung erbrachte.

Hätte man früher berücksichtigt, daß in zwei Strömen nur 3 Substanzen vorkommen, wäre man nur auf 10 Stromvariable gekommen. Gleichzeitig hatte man jedoch 2 Angaben über die Zusammensetzung nicht gehabt, und der Freiheitsgrad hatte wieder den Wert 0 angenommen. (10–4–4–1–1 = 0). Beide Wege eine nicht vorhandene Substanz zu beschreiben, sind korrekt.

Beispiel 4.7: Eindampfanlage

Zwei Salzströme (NaCl) mit unterschiedlicher Konzentration (1000 kg/h mit 6 % und 800 kg/h mit 9 %) sollen auf 50 %iges NaCl aufkonzentriert werden, indem 500 kg/h Wasser abgedampft werden. Berechnen Sie die Produktmenge.

Lösung:

Man geht bei der Lösung dieses Problems wie üblich vor, jedoch nach Punkt i), dem Aufstellen des Fließbildes und dem Eintragen der Angabe wird eine Berechnung des Freiheitsgrades durchgeführt.

4.4 Systeme aus mehreren Grundeinheiten

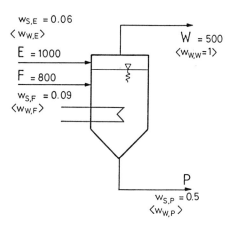

Abb. 4.6: Fließbild zur Eindampfanlage

Berechnung des Freiheitsgrades:

Stromvariable (3 Ströme à 2 Komponenten, 1 Strom rein)	7	
Bilanzgleichungen (2 Komponenten)	2	
bekannte Zusammensetzungen ($w_{S,E}$, $w_{S,F}$, $w_{S,P}$)	3	
bekannte Ströme (E, F, W)	3	
	8	−8
FG		−1

Der Freiheitsgrad beträgt −1, das Problem ist somit um eine Angabe überspezifiziert. Man kann nun eine Angabe bewußt weglassen und am Schluß der Berechnung auf Konsistenz prüfen. Besteht diese – wie in diesem Beispiel – nicht, so ist das Problem unlösbar.

4.4 Systeme aus mehreren Grundeinheiten

Bisher wurde immer ein System betrachtet, bei dem alle interessierenden Ströme von der oder in die Umgebung laufen. Das Verfahren wurde immer als eine einzelne „Box" gesehen, um deren innere Vorgänge man sich nicht kümmern mußte. Verfahrenstechnische Prozesse bestehen jedoch nahezu immer aus einem Ablauf von Prozeßschritten. Deshalb ist es auch wichtig, um die Apparate und Anlagen berechnen zu können, daß Mengen und Zusammensetzungen der internen Ströme berechnet werden, die die einzelnen Grundoperationen verbinden. Das erfordert einen genaueren Blick, bei dem auch Ströme erfaßt werden, die nicht die äußeren Verfahrensgrenzen überschreiten. Die einzelnen Grundoperationen bleiben jedoch vorerst eine „Black Box".

In Abb. 4.7 wird eine Destillationsanlage gezeigt, die aus zwei Trennkolonnen besteht.

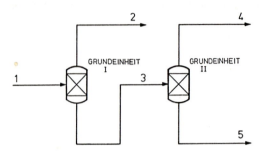

Abb. 4.7: Destillationsanlage aus zwei Trennkolonnen

Man kann annehmen, daß jeder der 5 Ströme aus denselben k Komponenten besteht. Betrachtet man die Einheit 1 als getrennte Anlage, kann man k Bilanzgleichungen aufstellen; analog erhält man für die Einheit 2 ebenfalls k Bilanzgleichungen. Schließlich lassen sich für die Gesamtanlage ebenfalls k Bilanzgleichungen um beide Grundeinheiten herum erstellen, in welchen aber der interne Strom 3 nicht enthalten ist. Die Frage, die sich erhebt, ist, ob diese 3 k Bilanzen so unabhängig sind, so daß sie zur Lösung des Problemes herangezogen werden dürfen.

Es ist einfach zu erkennen, daß die dritte erstellte Bilanz über das Verfahren nur eine Kombination der Bilanzen über die Einheiten darstellt und somit nicht unabhängig ist. Besteht also ein Prozeß aus u Einheiten, lassen sich nur u linear unabhängige Sätze von Bilanzen aufstellen.

Beispiel 4.8: Trennkette

Eine Apparatefolge zur Auftrennung des Dreikomponentengemisches Benzol-Toluol-Xylol besteht aus zwei Trennkolonnen. Die Auftrennung soll in drei möglichst reine Ströme erfolgen.

Gegeben ist ein Einsatzstrom von 1000 mol/h eines Gemisches aus 20 % Benzol (B), 30 % Toluol (T) und 50 % Xylol (X) (mol%). Das Bodenprodukt der ersten Kolonne sollte 2,5 % Benzol und 35 % Toluol enthalten.

Das Kopfprodukt sollte in der zweiten Kolonne 8 % Benzol und 72 % Toluol enthalten. Zu berechnen sind alle Strommengen und die Zusammensetzungen, wenn das erste Kopfprodukt xylolfrei und das zweite Sumpfprodukt benzolfrei ist.

4.4 Systeme aus mehreren Grundeinheiten

Lösung:

1.
Das Fließbild ist in Abb. 4.8 dargestellt, wo auch die gegebenen Daten eingetragen sind.

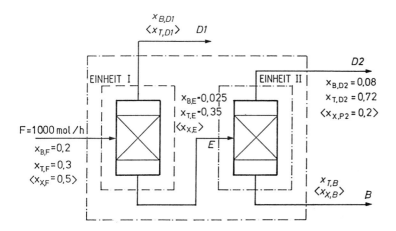

Abb. 4.8: Destillationsanlage für ein ternäres Gemisch

2.
Bilanzen können über drei Gebiete berechnet werden:

- Einheit 1   (-----------)
- Einheit 2   (-·-··-··-··-)
- Anlage   (--·--·--·--)

3.
Berechnungsbasis ist die Einsatzmenge F = 1000 mol/h.

4.
Basisdimensionen sind Mol und Stunde.

5.
Bilanzgleichungen lassen sich in jedem Bilanzgebiet aufstellen. Da es überall 3 Komponenten ergibt, erhält man 9 Beziehungen.

Einheit 1:

Benzolbilanz: $D1 \cdot x_{B,D1} + E \cdot 0{,}025 - 200 = 0$

Toluolbilanz: $D1 \cdot (1 - x_{B,D1}) + E \cdot 0{,}35 - 300 = 0$

Xylolbilanz: $0{,}625 \cdot E - 500 = 0$

Die vierte Bilanz, die Gesamtstoffbilanz, ist als die Summe der drei obigen Bilanzen linear abhängig.

Gesamtstoffbilanz: $D1 + E - 1000 = 0$

Einheit 2:

Benzolbilanz: $D2 \cdot 0{,}08 + 0 - E \cdot 0{,}025 = 0$

Toluolbilanz: $D2 \cdot 0{,}72 + B \cdot x_{T,B} - E \cdot 0{,}35 = 0$

Xylolbilanz: $D2 \cdot 0{,}2 + B \cdot (1 - x_{T,B}) - E \cdot 0{,}625 = 0$

Gesamtstoffbilanz: $D2 + B - E = 0$

Anlage:

Benzolbilanz: $D1 \cdot x_{B,D1} + D2 \cdot 0{,}08 + 0 - 200 = 0$

Toluolbilanz: $D1 \cdot (1 - x_{B,D1}) + D2 \cdot 0{,}72 + B \cdot x_{T,B} - 300 = 0$

Xylolbilanz: $0 + D2 \cdot 0{,}2 + B \cdot (1 - x_{T,B}) - 500 = 0$

Gesamtstoffbilanz: $D1 + D2 + B - 1000 = 0$

Es ist offensichtlich, daß die beiden ersten Benzolbilanzen die dritte als Summe ergeben; dasselbe gilt für die Toluol- und Xylolbilanzen. Nur sechs der Gleichungen sind unabhängig.

6.
Aus den Gleichungen zu Einheit 1 erhält man:

$E = 800$ mol/h

$D1 = 200$ mol/h und

$x_{B,D1} = 0{,}9$

Aus den Gleichungen zu Einheit 2 oder aus den Anlagenbilanzen erhält man:

$D2 = 250$ mol/h

$B = 550$ mol/h

$x_{T,B} = 0{,}182$ und

$x_{X,B} = 0{,}818$

7.
Als übersichtliche Darstellung empfiehlt sich eine Tabelle oder eine Darstellung im Dreiecksdiagramm (Abb. 4.9, vgl. Kap. 3.2).

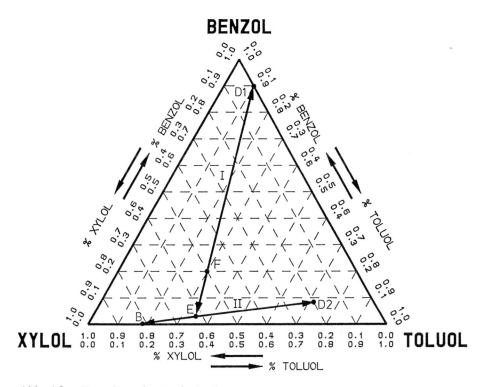

Abb. 4.9: Trennkette im Dreiecksdiagramm

Diese Darstellung zeigt anschaulich die Bilanzen der beiden Trennungen (I : F $\Rightarrow$ D1 und E; II : E $\Rightarrow$ D2 und B). Die Produkte mit nur zwei Komponenten (B, D1) liegen an den Seitenkanten, Dreistoffgemische (E, F, D2) innerhalb des Dreieckes. Die Streckenlängen der Bilanzgeraden verhalten sich umgekehrt proportional zur jeweiligen Produktmenge.

$$\frac{FE}{FD1} = \frac{N_{D1}}{N_E} = 0,25$$

$$\frac{EB}{ED2} = \frac{N_{D2}}{N_B} = 0,455$$

Diese graphische Darstellungsform kann auch zur Lösung und Überprüfung der Ergebnisse dienen. Abb. 4.9 kann ohne Durchführung der Berechnung gezeichnet werden.

Die Erkenntnisse aus der Anlage mit 2 Einheiten lassen sich auf Verfahren mit u Einheiten erweitern. Bei k Komponenten ergeben sich (k+1) · (u+1) mögliche Bilanzgleichungen, von denen k · u unabhängig sind. Genaugenommen gibt es wesentlich mehr Bilanzgleichungen, da Untergruppen von zwei, drei oder mehreren Einheiten gemeinsam bilanziert werden können (vgl. Abb. 4.10). Kommen nicht in allen Einheiten dieselben Komponenten vor, ergibt sich die maximale Zahl der unabhängigen Gleichungen zu

$$\text{max. Zahl} = \sum_{i=1}^{u} k_i$$

bei u Einheiten i mit k_i Strömen.

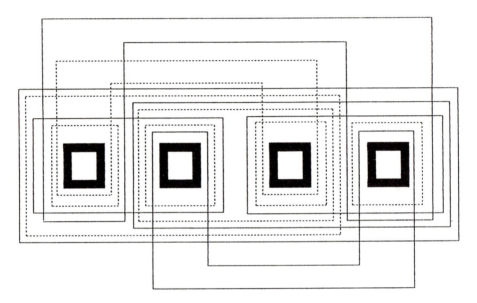

Abb. 4.10: Mögliche Bilanzkreise um vier Grundeinheiten (zwei Dreierkombinationen nicht gezeichnet)

Auch für zusammengesetzte Systeme läßt sich der Freiheitsgrad berechnen. Die Festlegung der Stromvariablen und der Bedingungen bleibt gegenüber den Grundoperationen unverändert. Analog zur Einzelanlage berechnet sich FG zu:

Freiheitsgrad des Systemes = Gesamtzahl der Stromvariablen –
    – Anzahl der unabhängigen Stoffbilanzen –
    – Anzahl der festgelegten Stromvariablen –
    – Anzahl der Zusatzinformationen.

Wie gehabt, muß der Freiheitsgrad des Systems Null sein, daß eine Lösbarkeit existiert.

4.4 Systeme aus mehreren Grundeinheiten

Beispiel 4.9: Trennkette

Es gelten die Angaben von Beispiel 4.8. Zu bestimmen ist der Freiheitsgrad.

Lösung:

Aus Abb. 4.8 ergibt sich, daß die Gesamtzahl der Stromvariablen 13 beträgt (3 Ströme mit 3 Komponenten + 2 Ströme mit 2 Komponenten). Die maximale Zahl der unabhängigen Gleichungen ist sechs. Weiters sind sechs Zusammensetzungen gegeben und eine Strommenge. Der Freiheitsgrad errechnet sich:

Anzahl der Stromvariablen		13
Anzahl der Bilanzen Einheit 1	3	
Einheit 2	3	
Anzahl der bekannten Konzentrationen	6	
Anzahl der bekannten Strommengen	1	
	13	−13
FG		0

Bei der numerischen Lösung des Problems wurde mit der Einheit 1 begonnen, da hier am meisten Information bestand. Auch das läßt sich über eine Analyse des Freiheitsgrades bestätigen.

Beispiel 4.10: Trennkette

Für das Beispiel 4.8 soll auf Basis einer Analyse der Freiheitsgrade eine Strategie für die numerische Lösung gefunden werden.

Lösung:

Hierfür werden für jede Einheit und für den Prozeß die Freiheitsgrade berechnet. Die Vorgangsweise ist wie bei einzelnen Prozessen:

	Einheit 1		Einheit 2		Prozeß		Anlage	
Anzahl der Stromvariablen	8		8		13		10	
Anzahl der Bilanzgleichungen	3		3		6		3	
Anz. der bek. Zusammens.	4		4		6		4	
Anzahl der bek. Ströme	1		0		1		1	
zusätzliche Beziehungen	0		0		0		0	
	8	−8	7	−7	13	−13	8	−8
Freiheitsgrade FG	0		1		0		2	

Die Anzahl der Prozeß-Bilanzgleichungen ist gleich der Summe der Einheiten-Bilanzgleichungen; ansonsten werden alle Größen getrennt für die Bilanzen um die Einheiten, um die Anlage und um den Prozeß erhalten. Die Analyse zeigt, daß nicht nur der Prozeß exakt bestimmt ist, sondern auch die Einheit 1. Einheit 2 kann am Beginn nicht selbständig gelöst werden, sondern verlangt eine zusätzliche Information. Ebenso lassen sich zu Beginn die Bilanzen um die gesamte Anlage nicht lösen (FG = 2)! Es ist jedoch nicht unbedingt so, daß eine Einheit den FG Null haben muß, wenn der Prozeß FG = 0 aufweist.

Beispiel 4.11: Vierstufen-Eindampfung

In einer vierstufigen Eindampfung wird eine 50 %ige Zuckerlösung auf 65 % aufkonzentriert durch die Ausdampfung eines gleich großen Wasserdampfstromes aus jeder Einheit. Mit einem Einsatz von 50.000 kg/h sollten 35 t an Produkt erzielt werden. Die Zusammensetzungen sind zu berechnen.

Lösung:

Es soll nun die Tabelle der Freiheitsgrade erstellt werden. Jede Einheit beinhaltet 5 Stromvariable und 2 Bilanzgleichungen (Abb. 4.11).

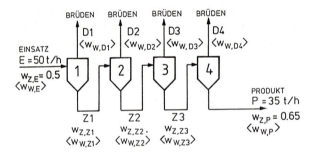

Abb. 4.11: Fließbild der Zuckerwasser-Eindickung

Spezifikationen gibt es nur für die erste und vierte Stufe. Als Zusatzinformation besteht die Bedingung der Gleichheit der Dampfmengen.

D1 = D2
D1 = D3
D1 = D4

Da diese Beziehungen immer zwei Einheiten betreffen, können sie nicht einer einzelnen zugewiesen werden. Die Freiheitsgrade können nun berechnet werden:

	Stufe 1	Stufe 2	Stufe 3	Stufe 4	Prozeß	Anlage
Stromvariablen	5	5	5	5	14	8
Anzahl der Bilanzen	2	2	2	2	8	2 2
Anzahl der bek. Zusammens.	1	–	–	1	2	2
Anzahl der bek. Ströme	1	–	–	1	2	2
zusätzl. Gleichungen	–	–	–	–	3	3
	4 –4	2 –2	2 –2	4 –4	15 –15	9 –9
Freiheitsgrade	1	3	3	3	–1	–1

Obwohl die Anlage überbestimmt ist (FG = –1, Lösung unmöglich), sind alle einzelnen Bilanzen unterbestimmt (FG > 0). Diese Unterbestimmung heißt nur, daß keine Stufe für sich gerechnet werden kann. Unabhängig vom Freiheitsgrad des Prozesses muß der Freiheitsgrad jeder Einheit gleich oder größer als Null sein. Ist der Freiheitsgrad einer Einheit, des Prozesses oder der Anlage kleiner Null, ist das Verfahren falsch spezifiziert.

4.5 Recycle und Bypass

Zwei spezielle mehrstufige Verfahrenstypen sind Verfahren mit Recycle (Rücklaufströmen, Abb. 4.12) und Verfahren mit Bypass (Umgehungsströmen, Abb. 4.13). In diesen Verfahren treten zwei ganz besondere Einheiten auf, der Splitter und der Mischer.

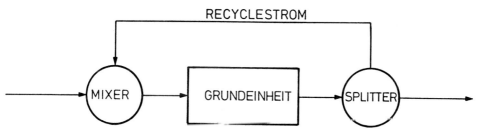

Abb. 4.12: Verfahren mit Recycle

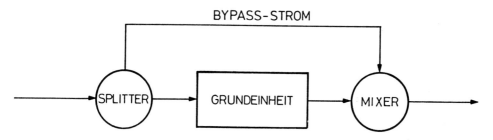

Abb. 4.13: Verfahren mit Bypass

Bei Splittern besteht eine zusätzliche Bedingung, nämlich daß die Konzentrationen in den beiden austretenden Strömen ident sind. Es gibt somit eine Reihe zusätzlicher Bedingungen.

$$x_{i,A} = x_{i,B} = x_{i,F}$$

oder

$$w_{i,A} = w_{i,B} = w_{i,F}$$

```
         A
        ↗
F ──────→
        ↘
         B
```

wobei i die jeweiligen Komponenten in den Strömen F,A und B durchläuft. Wird der Strom in mehr als zwei Teilströme getrennt, gilt Analoges. Bei s Strömen nach dem Splitter gibt es s–1 unabhängige Mengen. Die letzte ergibt sich aus der Bilanz. Wird also ein Strom mit k Komponenten in s Ströme aufgeteilt, gibt es (k–1) · (s–1) zusätzliche Informationen. Diese nennt man Splitter-Bedingungen und müssen sowohl bei der Analyse der Freiheitsgrade als auch bei der Bilanzierung einberechnet werden.

Beispiel 4.12: Trockner mit Luftrückführung (Recycle-Problem)

Ein zu trocknendes Material, das per kg Trockensubstanz (TS) 1,562 kg Wasser enthält, soll bis zu einer Feuchtigkeit von 0,099 kg/kg getrocknet werden. Für jedes kg Trockenmaterial gehen 52,5 kg trockene Luft durch den Trockner und verlassen ihn mit einer Feuchtigkeit von 0,0525 kg/kg (F2). Die Frischluft hat eine Feuchtigkeit von 0,0152 kg/kg (F0).

Es ist der Anteil an feuchter Luft zu berechnen, der in den Luftzufuhrstrom zurückgeführt wird.

Lösung:

Diesmal sind die Zusammensetzungen, wie in der Trocknungstechnik üblich, in Gewichtsverhältnissen – kg Wasser pro kg Trockenmasse bzw. kg Wasser pro kg trockene Luft – gegeben. Außerdem ist der Aufwand an trockener Luft zu dem Einsatz an Trockengut als Verhältnis gegeben.

1.
Abb. 4.14 zeigt das Fließbild des untersuchten Prozesses.

2.
Es ist jetzt nicht mehr möglich, eine Bilanzgrenze zu legen, die alle interessierenden Ströme schneidet. Es gibt jetzt mehrere Möglichkeiten:

a) um die gesamte Anlage   (— — — — — —)
b) um den Trockner   (— · — · — · — ·)
c) um den Mischpunkt   (— · · — · · — · ·)
d) um den Splitter   (— — · — — · — —)

4.5 Recycle und Bypass

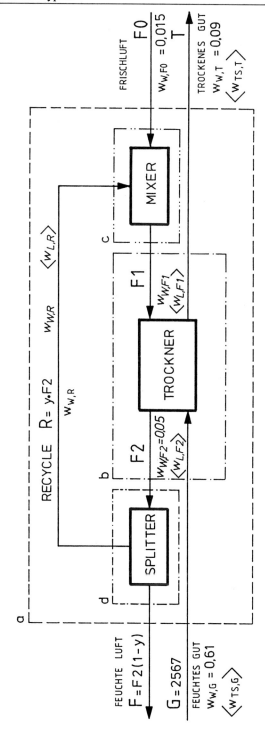

Abb. 4.14: Fließbild zu Beispiel 4.13, Trockner

Darüber hinaus könnten noch Gruppen gebildet werden (Splitter + Trockner, Trockner + Mixer, Splitter + Mixer).

3.
Die Berechnungsbasis ist wiederum frei wählbar, z.B. mit 100 kg TS/h. G ergibt sich somit zu G = 100 · (1 + 1,562)

G = 256,2 kg/h

4.
Es gibt im System 7 Ströme, die je aus zwei Substanzen bestehen. Die Anzahl der Stromvariablen beträgt somit 14 (Ströme: G, T, F0, F1, F2, R, F). Aus der Angabe sind folgende vier Konzentrationen bekannt.

$$w_{W, G} = \frac{1,562}{1 + 1,562} = 0,610$$

$$w_{W, T} = \frac{0,099}{1 + 0,099} = 0,090$$

$$w_{W, F0} = \frac{0,0152}{1 + 0,0152} = 0,015$$

$$w_{W, F2} = \frac{0,0525}{1 + 0,0525} = 0,050$$

Es wurde eine Basisgröße festgelegt.

G = 256,2 kg/h

Ein Mengenverhältnis ist bekannt und kann als zusätzliche Bedingung eingebracht werden:

$$\frac{G \cdot (1 - w_{W, G})}{F1 \, (1 - w_{, F1})} = \frac{1}{52,5}$$

Zudem ist eine Splitter-Restriktion zu berücksichtigen (die Konzentrationen ändern sich beim Aufsplitten nicht). Der gesplittete Strom besteht aus k = 2 Komponenten und wird in s = 2 Ströme aufgeteilt.

$$SR = (k - 1) \cdot (s - 1) = 1$$

5.
Es kann nun die Tabelle für die Analyse der Freiheitsgrade erstellt werden.

4.5 Recycle und Bypass

	Trockner	Splitter	Mischer	Prozeß	Anlage
Stromvariablen SV	8	6	6	14	8
Anzahl der Bilanzen B	3	2	2	7	3
bek. Zusammensetzungen	3	1	1	4	3
bekannte Ströme	1	–	–	1	1
Splitter-Restriktion SR	–	1	–	1	–
zusätzl. Bedingung	1	–	–	1	–
	8 –8	4 –	3 –3	14 –14	7 –7
Freiheitsgrade FG	0	2	3	0	1

Man sieht aus dieser Aufstellung, daß das Problem korrekt spezifiziert ist (FG-Prozeß = 0), und daß mit der Bilanzierung des Trockners begonnen werden kann (FG-Trockner = 0). Die Analyse von Bilanzsystemen um zwei Grundoperationen erübrigt sich. Insgesamt sind also sieben Bilanzgleichungen aufzustellen, um gemeinsam mit den obigen 7 Beziehungen den 14 Stromvariablen Werte zuweisen zu können. Diese ergeben sich aus der unabhängigen Bilanz, um drei der vier Bilanzgebiete (das vierte Bilanzgebiet ist von den drei anderen linear abhängig). Luft wird als eine Substanz betrachtet.

Bilanzgebiet a) Anlage (drei Substanzen ergeben drei unabhängige Gleichungen)

Gesamtbilanz: $T + F - G - F0 = 0$

TS-Bilanz: $T(1 - w_{w,T}) - G(1 - w_{w,G}) = 0$

Wasserbilanz: $T \cdot w_{w,T} + F \cdot w_{w,F} - G \cdot w_{w,G} - F0 \cdot w_{w,F0} = 0$

Luftbilanz: $F(1 - w_{w,F}) - F0(1 - w_{w,T0}) = 0$

Bilanzgebiet b) Trockner (drei Substanzen ergeben drei unabhängige Gleichungen)

Gesamtbilanz: $T + F2 - G - F1 = 0$

TS-Bilanz: $T(1 - w_{w,T}) - G(1 - w_{w,G}) = 0$

Wasserbilanz: $T \cdot w_{w,T} + F2 \cdot w_{w,F2} - G \cdot w_{w,G} - F1 \cdot w_{w,F1} = 0$

Luftbilanz: $F2(1 - w_{w,F2}) - F1(1 - w_{w,F1}) = 0$

Bilanzgebiet c) Mischungspunkt (zwei Substanzen ergeben zwei unabhängige Gleichungen)

Gesamtbilanz: $F1 - F0 - R = 0$

Wasserbilanz: $F1 \cdot w_{W,F1} - F0 \cdot w_{W,F0} - R \cdot w_{W,R} = 0$

Luftbilanz: $F1 (1 - w_{W,F1}) - F0 (1 - w_{W,F0}) - R (1 - w_{W,R}) = 0$

Bilanzgebiet d) Splitter (zwei Substanzen ergeben zwei unabhängige Gleichungen)

Gesamtbilanz: $F + R - F2 = 0$

Wasserbilanz: $F \cdot w_{W,F} + R \cdot w_{W,R} - F2 \cdot w_{W,F2} = 0$

Luftbilanz: $F (1 - w_{W,F}) + R (1 - w_{W,R}) - F2 (1 - w_{W,F2}) = 0$

Die Beziehungen aus einem Bilanzgebiet (z.B. b)) sowie die Bilanzen einer Komponente (z.B. Luft) müssen gestrichen werden, da sie hier von den anderen abhängen. Es verbleiben 3 + 2 + 2 = 7 Bilanzgleichungen, wie schon gefordert wurde. Wird anstatt dem Bilanzgebiet b), c) oder d) gestrichen, so ist zusätzlich die TS-Bilanz in a) oder b) zu streichen (ident). Auch hier bleiben 7 Beziehungen. Aus diesen 14 Gleichungen lassen sich die 14 Variablen berechnen.

6.
Man beginnt mit der TS-Bilanz, den gegebenen Konzentrationen und der Basis in der Bilanz um den Trockner, der FG = 0 aufweist.

7.
Der Anteil von F2, der rückgeführt werden muß, beträgt 25,0 % (R/F2 = 0,25). Neben der Möglichkeit einen Strom rückzuführen (Recycle), ist es in der Verfahrenstechnik oft üblich, einen Strom an einer Grundoperation vorbei nach vorne zu führen (Bypass).

Beispiel 4.13: Bypass-Berechnung

Ein Gemisch von 80 % n-C_5 und 20 % i-C_5 soll auf 90 % n-C_5 aufkonzentriert werden. Hierzu wird aus einem Teilstrom i-C_5 vollständig abgetrennt. Wie groß ist dieser Anteil?

Lösung:

Man geht wie üblich vor.

4.5 Recycle und Bypass

1.
Der Teilstrom, der keiner Abtrennung unterzogen wird, wird an der Trennkolonne vorbeigeleitet (Bypass, G) (Abb. 4.15).

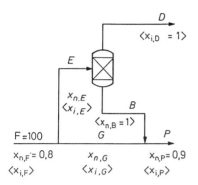

Abb. 4.15: Fließbild zur Bypassberechnung

2.
Wiederum sind vier Bilanzgrenzen möglich: Um den Splitter, um die Trennkolonne, um den Mischpunkt sowie um die Anlage.

3.
Eine Berechnungsbasis kann frei gewählt werden, z.B.:

F = 100 kmol/h.

4.
kmol und h sind geeignete Basisdimensionen.

5.
Vorerst sollen die Freiheitsgrade bestimmt werden. Es sind im ganzen Prozeß 6 Ströme (B, D, E, F, G und P), von welchen zwei (B und D) nur aus einer Komponente bestehen. Neben der Bilanzen der einzelnen Einheiten wird auch die Gesamtbilanz um die Anlage betrachtet.

Es ist aus der Analyse der Freiheitsgrade offensichtlich, daß mit der Anlagenbilanz begonnen werden muß. Selbstverständlich ist es auch möglich, die sechs Bilanzgleichungen mit der Splitterrestriktion durch geeignete numerische Verfahren simultan zu lösen.

	Splitter	Trenneinheit	Mischer	Prozeß	Anlage
Stromvariablen	6	4	5	10	5
Bilanzgleichungen	2	2	2	6	2
gegebene Konzentrationen	1	–	1	2	2
gegebene Mengenströme	1	–	–	1	1
zusätzliche Bedingungen	1	–	–	1	–
	5 –5	2 –2	3 –3	10 –10	5 –5
Freiheitsgrade FG	1	2	2	0	0

6.
Die Berechnung ist trivial.

7.
Gesucht war das Verhältnis E/F. Es beträgt 0,555.
Die freie Wahl der Berechnungsbasis eröffnet eine weitere Möglichkeit, die Berechnung der Prozeßbilanzen effektiv zu gestalten. Erhält man eine Einheit mit dem Freiheitsgrad 1, die keine Mengenbasis enthält, kann, nach Weglassen der alten, dort eine neue definiert werden. Man erhält somit hier FG = 0 und kann mit den Berechnungen beginnen. Die Umrechnung auf die alte Basis erfolgt dann einfach linear durch die Verhältnisse.

Beispiel 4.14: TiO_2-Wäsche

Ein Schlamm aus TiO_2 in Salzwasser soll in drei Stufen gewaschen werden. Der Einsatz besteht aus 20 % TiO_2 (T), 30 % Salz (S) und Wasser (W). Berechnen Sie die Waschwassermenge in jeder Stufe, wenn

– 80 % des in jede Stufe eintretenden Salzes diese im Waschwasser verläßt
– die Abscheidung so arbeitet, daß der Schlamm, der jede Stufe verläßt, ein Drittel Feststoff enthält
– in jeder Stufe die Salzkonzentration im Abwasser so groß ist, wie in der Flüssigphase des Schlammes
– im Produktstrom 250 kg/h TiO_2 anfallen sollen.

4.5 Recycle und Bypass

1.

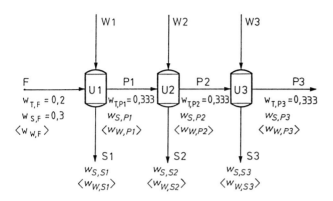

Abb. 4.16: Fließbild zur TiO$_2$-Wäsche (W...Wasser, S...Salz, T...TiO$_2$)

2.
Bilanzgrenzen um jede Waschstufe und um die Anlage sind möglich.

3.
Die Basis ist die TiO$_2$-Produktmenge (P3 · $w_{T,P3}$) = 250, P3 = 750.

4.
Durch die Analyse der Freiheitsgrade wird der Lösungsweg bestimmt.

	U1		U2		U3		Prozeß		Anlage
Stromvariablen	9		9		9		21		15
Bilanzen	3		3		3		9		3
gegebene Konzentrationen	3		2		2		5		3
Basis	–		–		1		1		1
zusätzliche Bedingungen	2		2		3		6		–
	8	–8	7	–7	8	–8	21	–21	7	–7
Freiheitsgrade FG	1		2		1		0		8

Keine der Grundeinheiten weist FG = 0 auf! Für U1 besteht ein Freiheitsgrad und hier ist keine Basis bekannt. Durch Verlegung der Basis von U3 nach U1 erhält man dort FG$_1$ = 0 und FG$_3$ = 2. Wir legen willkürlich eine neue Basis mit F = 1000 kg/h fest.

5.
Man beginnt die Berechnungen jetzt mit U1.

S1 = 1600 kg/h	$w_{S,S1} = 0{,}15$
W1 = 1200 kg/h	$w_{S,P1} = 0{,}10$
P1 = 600 kg/h	$w_{T,P1} = 0{,}33$

Nachdem die erste Grundeinheit U1 gelöst ist, geht man zur zweiten (U2) und dritten (U3) weiter und erhält

U2:

S2 = 1600 kg/h	$w_{S,S2} = 0{,}03$
W2 = 1600 kg/h	$w_{S,P2} = 0{,}02$
P2 = 600 kg/h	$w_{T,P1} = 0{,}33$

Weiters U3:

S3 = 1600 kg/h	$w_{S,S3} = 0{,}006$
W3 = 1600 kg/h	$w_{S,P3} = 0{,}004$
P3 = 600 kg/h	$w_{T,P2} = 0{,}333$

Da P3 laut Angabe 750 kg/h betragen soll, sind alle Mengen und die Basis mit 1,25 zu multiplizieren (F = 1250, W1 = 1500, W2 = W3 = 2000).

Nicht immer ist es klar erkenntlich, ob Informationen in der Angabe voneinander unabhängig sind, wie das folgende Beispiel zeigt.

Beispiel 4.15: Kristallisationsanlage

Aus einer Lösung, die 10 Gew% NaCl (N), 3 Gew% KCl (K) und 87 % Wasser (W) enthält, werden die Salze in einem Prozeß, dessen Schema in Abb. 4.17 gezeichnet ist, entfernt.

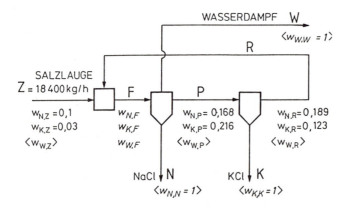

Abb. 4.17: Fließbild einer Kristallisationsanlage

4.5 Recycle und Bypass

Zu berechnen sind die Ströme P, R und F (kg/h) sowie die Zusammensetzung von F.

Für die Probe: Die Angaben haben ca. 1 % Relativfehler!

Lösung:

1.
Das Fließbild ist in der Angabe dargestellt.

2.
Neben der Bilanz um die Anlage sind die drei Bilanzen um die Verfahrensstufen Verdampfer, Kristallisator und Mischer möglich.

3.
Der Zufluß Z mit 18.400 kg/h ist gegeben.

4.
Entsprechend der Angabe ist in kg und h zu rechnen.

5.
Bevor mit der Aufstellung der Bilanzgleichungen begonnen wird, soll die Tabelle zur Ermittlung der Freiheitsgrade erstellt werden.

	Verdampf	Kristall	Mixer	Prozeß	Anlage
Stromvariablen	8	7	9	15	6
Bilanzen	3	3	3	9	3
gegebene Konzentrationen	2	4	4	6	2
Basis	–	–	1	1	1
Restriktionen	–	–	–	–	–
	5 –5	7 –7	8 –8	16 –16	6 –6
Freiheitsgrade FG	3	0	1	-1	0

Der Prozeß ist mit den gegebenen Daten überbestimmt; dies ist in der Angabe berücksichtigt, da ein Relativfehler zugelassen ist. Es ist zu erwarten, daß die überzählige Angabe die Freiheitsgrade einzelner Bilanzkreise unerlaubt erniedrigt hat. Die Bilanzierung kann mit den Anlagenbilanzen oder beim Kristallisator begonnen werden.

Anlage:

$N + K + W - Z = 0 \quad Z = 18.400 \text{ kg/h}$

NaCl: $N - Z \cdot 0{,}1 = 0$

KCl: $\quad K - Z \cdot 0{,}03 = 0$
H₂O: $\quad W - Z \cdot 0{,}87 = 0$

$N = 1.840$ kg/h
$K = 552$ kg/h
$W = 16.008$ kg/h

Kristallisator:

$\quad\quad\quad K + R - P = 0$
NaCl: $\quad R \cdot 0{,}189 - P \cdot 0{,}168 = 0$
KCl: $\quad K + R \cdot 0{,}123 - P \cdot 0{,}216 = 0$
H₂O: $\quad R \cdot 0{,}688 - P \cdot 0{,}616 = 0$

Aus NaCl- und H₂O-Bilanz:

$P = 1{,}125 \cdot R$
$\quad\quad\quad\quad\quad\quad$ ⎤ → hier liegt die Ungenauigkeit der Angabe
$P = 1{,}117 \cdot R$

Da hier eine abhängige Überbestimmung vorliegt (das Verhältnis von H₂O zu NaCl ändert sich im Kristallisator nicht!), ist der Kristallisator entgegen der ersten Annahme unterbestimmt, jedoch jetzt nach Lösen der Anlagenbilanz und Kenntnis von K lösbar.

Gesamt: $\quad 552 + R - P = 0$
KCl: $\quad\quad\; 552 + R \cdot 0{,}123 - P \cdot 0{,}216 = 0$

$(552 + R) \cdot 0{,}216 = 552 + R \cdot 0{,}123$
$R (0{,}216 - 0{,}123) = 552 (1 - 0{,}216)$
$R = 4.653$ kg/h
$P = 5.205$ kg/h

Mixer:

Gesamt: $\quad F - Z - R = 0$

$F = 18.400 + 4.653$
$F = 23.053$ kg/h

NaCl: $\quad 18.400 \cdot 0{,}1 + 4.653 \cdot 0{,}189 = 23.053 \cdot w_{N,F}$

Gewichtsbruch NaCl in F: $\quad w_{N,F} = 0{,}118$

KCl: $\quad 18.400 \cdot 0{,}03 + 4.653 \cdot 0{,}123 = 23.053 \cdot w_{K,F}$

Gewichtsbruch KCl in F: $\quad w_{K,F} = 0{,}049$

$\quad\quad\quad 0{,}118 + 0{,}049 + w_{W,F} = 1$

Gewichtsbruch H₂O in F: $\quad w_{W,F} = 0{,}833$

Besonders bei mehrstufigen Verfahren ist es oft von vorn herein unmöglich, die

4.5 Recycle und Bypass

Anzahl der nötigen Grundeinheiten zu kennen. Man muß sich dann von einer Unit zur anderen vorarbeiten.

Beispiel 4.16: Alkoholwäsche

Eine Mischung aus Alkohol und Keton mit 40 Gew% Alkohol wird mit Wasser gewaschen, um den Alkohol zu entfernen. Das verwendete Waschwasser enthält 4 % Alkohol. Wasser und Keton sind gegenseitig unlöslich. Wasser (W) verteilt sich zwischen Alkohol (A) und Keton (K) wie

$$\left(\frac{\text{Masse A}}{\text{Masse K}}\right)_4 = \frac{1}{4}\left(\frac{\text{Masse A}}{\text{Masse W}}\right)_3$$

Index 4 und 3 bezeichnen die Stromnummern.

a) Wenn 150 kg des Stromes 2 pro 200 kg Einsatz 1 verwendet wird, ist die Konzentration des Stromes 4 nach einer Waschstufe zu berechnen.

b) Wenn jede Waschstufe 150 kg Waschmittel verbraucht, wie groß ist dann die Zahl der erforderlichen Stufen, um 98 % des ursprünglich vorhandenen Alkoholes zu entfernen?

1.

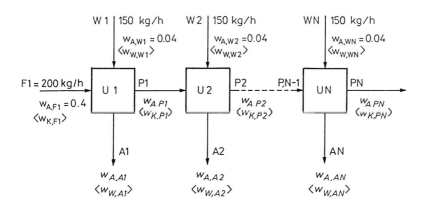

Abb. 4.18: Fließbild zur Alkoholwäsche

2.
Wir beachten nur eine Stufe.

3.
F1 = 200 kg/h

4.

	U1	
Stromvariablen	8	
Bilanzen	3	
gegebene Konzentrationen	2	
gegebene Mengen	2	
zusätzliche Bedingungen	1	
	8	–8
Freiheitsgrade		0

Die 8 Stromvariablen können bei 2 bekannten Konzentrationen, zwei Mengen und der Bedingung durch die drei Bilanzgleichungen ermittelt werden.

5.
Gesamtstoff: $A1 + P1 - F1 - W1 = 0$

Alkohol: $A1 \cdot w_{A,A1} + P1 \cdot w_{A,P1} - F1 \cdot w_{A,F1} - W1 \cdot w_{A,W1} = 0$

Wasser: $A1 \cdot w_{W,A1} + 0 - 0 - W1 \cdot w_{W,W1} = 0$

Keton: $P1 \cdot w_{K,P1} - F1 \cdot w_{K,F1} = 0$

Mengen: $F1 = 200 \qquad W1 = 150$

Bedingung: $\dfrac{w_{A,P1}}{w_{K,P1}} = \dfrac{1}{4} \cdot \dfrac{w_{A,A1}}{w_{W,A1}}$

6.
Die mathematische Lösung ist trivial.

A1 = 215,2 kg/h	$w_{A,A1}$ = 0,331	$w_{W,A1}$ = 0,669
P1 = 134,8 kg/h	$w_{A,P1}$ = 0,110	$w_{K,P1}$ = 0,890
F1 = 200 kg/h	$w_{A,F1}$ = 0,40	$w_{K,F1}$ = 0,60
W1 = 150 kg/h	$w_{A,W1}$ = 0,04	$w_{W,W1}$ = 0,96

Nach Lösen der Bilanzgleichungen ist zu bestimmen, wieviel Prozent des Alkoholes bereits entfernt wurde.

Eintritt: $\quad F1 \cdot w_{A,F1} = 200 \cdot 0{,}4 = 80$ kg/h

Austritt: $\quad P1 \cdot w_{A,P1} = 134{,}8 \cdot 0{,}110 = 14{,}83$ kg/h

Ausgewaschen: Eintritt – Austritt = 80 – 14,83 = 65,17 kg/h

Die ausgewaschene Menge von 65,17 kg/h in der ersten Stufe entspricht 81,5 %. Da auch im frischen Waschwasser Alkohol enthalten ist, entspricht die ausgewaschene Menge nicht der Alkoholmenge im Strom A1!

Nachdem die geforderte Auswaschung von 98 % noch nicht erzielt ist, müssen weitere Stufen angeschlossen werden. Die erzielten Auswaschungen ergeben sich nach den weiteren Berechnungen wie folgt:

Nach Stufe 2   95,51 %

Nach Stufe 3   97,93 %

Nach Stufe 4   98,35 % (> Bedingung)

4.6 Durchziehen einer Menge

So wie es möglich ist, daß in einer Angabe versteckt abhängige Angaben vorliegen, kann es vorkommen, daß die Hereinnahme einer indirekt enthaltenen Bedingung in die Bilanzierung diese wesentlich erleichtert. Dies kann z.B. in der Form geschehen, daß bei einer klar übersichtlichen Auftrennung eine Produktmenge durch den Separator durchgezogen wird. Dies ist besonders dann möglich, wenn eine oder mehrere Substanzen nicht in allen Produktströmen des Separators auftreten.

Das Schema:

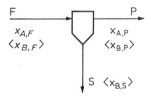

ergibt $P \cdot x_{A,P} = F \cdot x_{A,F}$

Sind P und $x_{A,P}$ bekannt, kann $F \cdot x_{A,F}$ als Bekannte in der vorherigen Einheit angenommen werden und reduziert dort die Freiheitsgrade.

4.7 Durchziehen eines Splitters

Während man beim Separator unter gegebenen Umständen Komponentenmengen durchziehen kann, um damit den Freiheitsgrad einer Einheit zu verringern, können beim Splitter sämtliche bekannte Konzentrationen in die restlichen beteiligten Ströme übernommen werden. Bei der Analyse der Freiheitsgrade müssen dann die Splitterrestriktionen weggelassen werden.

Beispiel 4.17: Stoffbilanz einer Preßspanplattenherstellung

In einer Anlage werden stündlich 5 t Preßspanplatten nach folgendem Verfahren hergestellt.

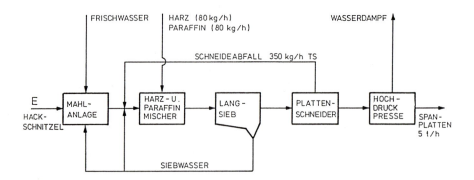

Abb. 4.19: Blockfließbild einer Preßspanplattenherstellung

Hackschnitzel mit 85 % Trockensubstanz werden mit Wasser in einem Mahlschritt zu einem Frisch-Holzschliff mit 2 % Trockensubstanz aufgeschlossen. In einem Rücklaufmischer wird der Schneideabfall der Platten und Wasser zugegeben, wobei wieder ein Holzschliff mit 2 % entsteht. Diesem wird Harz und Paraffin zudosiert. In einem Langsieb wird der Holzschliff auf 33 % entwässert. Das Siebwasser wird einerseits für die Mahlung der Hackschnitzel, andererseits zur Einstellung des Wassergehaltes im Rücklaufmischer verwendet. Das aus dem Langsieb austretende Holzschliffband wird in Platten geschnitten, wobei der Schneideabfall dem Rücklaufmischer zugeführt wird. Die Platten werden in einer Hochdruckpresse bei hoher Temperatur entwässert, wobei angenommen wird, daß die Fertigplatten kein Wasser mehr enthalten.

In der betrachteten Anlage werden 5 t Platten pro Stunde hergestellt, wofür 80 kg/h Harz und 80 kg/h Paraffin erforderlich sind. Der Schneideabfall beträgt 350 kg/h (wasserfrei).

Zu berechnen ist:

– Die erforderliche Menge an Frischwasser und Hackschnitzel pro Stunde.
– Die Menge an Rücklaufwasser insgesamt und ihre Verteilung auf die Mahlung und den Rücklaufmischer (in kg/h).
– Den Harz- und Paraffingehalt der Spanplatten bei kontinuierlichem Betrieb.

4.7 Durchziehen eines Splitters

Lösung:

1.

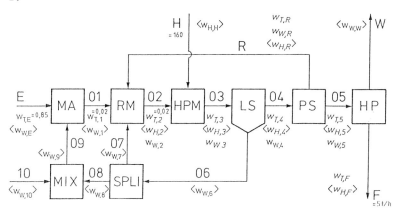

Abb. 4.20: Berechnungsfließbild der Spanplattenherstellung

Das Fließbild ist in der Angabe vorgegeben. Zur Analyse der Freiheitsgrade wird es jedoch etwas umgezeichnet (Abb. 4.20).
Die Bezeichnung der Grundoperationen läßt sich aus Abb. 4.19 ableiten. Zusätzlich zur dortigen Darstellung wurde ein Splitter und ein Mischer als Unit eingeführt. Die Ströme der Paraffin- und der Harzzugabe wurden zusammengelegt. Der Plattenschneider (Unit PS) ist ein Splitter!
Der Einfachheit halber wurden die Ströme zum Teil mit Nummern bezeichnet. Die bekannten Konzentrationen bzw. Größen sind in Normalschrift eingetragen, die unbekannten in schräger Schrift.

2.
Es sind Bilanzkreise um die 8 Grundeinheiten, um das Gesamtsystem sowie um eine Vielzahl von zusammengefaßten Einheiten möglich.

3.
Als Produktmenge wurden 5000 kg/h vorgegeben.

4.
Aus der Angabe ergibt sich, daß es günstig ist, in kg und h zu rechnen.

5.
Um einen Ansatzpunkt für die Bilanzierung zu finden, wird die Analyse der Freiheitsgrade vorgenommen. Harz und Paraffin wird als ein Stoff betrachtet.

4 Stoffbilanzen in stationären Systemen ohne chemische Umwandlung

	MA	RM	HPM	LS	PS	HP	SPLI	Mix	Prozeß	Anlage
Stromvariablen	5	9	7	7	9	6	3	3	28	7
Bilanzen	2	3	3	3	3	3	1	1	19	3
geg. Konzentrationen	2	2	1	1	1	–	–	–	4	1
Basis, Mengen	–	1	1	–	1	1	–	–	3	2
Splitter-Restriktionen	–	–	–	–	2	–	–	–	2	–
	4 –4	6 –6	5 –5	4 –4	7 –7	4 –4	1 –1	1 –1	28–28	6 –6
Freiheitsgrade FG	1	3	2	3	2	2	2	2	0	1

Es ist also das Verfahren vollständig bestimmt, jedoch keine Grundoperation für sich lösbar. Grundsätzlich besteht die Möglichkeit, die 19 Bilanzgleichungen aufzustellen und zu lösen. Dies wird jedoch, da diese teilweise nichtlinear sind, nur mit Hilfe von Rechenanlagen möglich sein.

Als erste Maßnahme beim Rechnen ohne Maschine ist es ratsam zu überlegen, ob Konzentrationen durch einen Splitter durchgezogen werden können. Führt man dies beim Plattenschneiden (Unit PS) durch, erhält man sowohl für die Hochdruckpresse als auch für den Rücklaufmischer einen Freiheitsgrad weniger, da eine Konzentration zusätzlich bekannt ist.

$FG_{HP} = 1$
$FG_{RM} = 2$

Berücksichtigt man zusätzlich, daß der Anteil Trockensubstanz im Strom 5 der Menge an Fertigplatten (5000 kg/h) entspricht (Durchziehen einer Menge), ist es möglich, für das System ohne Hochdruckpresse die Bilanzgleichungen aufzustellen und zu lösen.

Gesamt: $\quad \phi_{10} + E + 160 = \phi_5$

Wasser: $\quad \phi_{10} + E \cdot 0{,}15 = \phi_5 \cdot 0{,}67$

Trockensubstanz: $\quad \phi_5 \cdot (0{,}33) = 5000$

$\phi_5 = 15151{,}5 \qquad E = 5694{,}3 \qquad \phi_{10} = 9297{,}2$

Die neu erstellte Tabelle der Freiheitsgrade sieht somit wie folgt aus:

	MA	RM	HPM	LS	PS	HP	SPLI	Mix	Prozeß	Anlage
Stromvariablen	5	9	7	7	9	6	3	3	28	7
Bilanzen	2	3	3	3	3	3	1	1	19	3
geg. Konzentrationen	2	3	1	1	3	1	–	–	6	1
Basis, Mengen	1	1	1	–	2	3	–	1	5	3
Splitter-Restriktionen	–	–	–	–	–	–	–	–	–	–
	5 –5	7 –7	5 –5	4 –4	8 –8	7 –7	1 –1	2 –2	30–30	7 –7
Freiheitsgrade FG	0	2	2	3	1	–1	2	1	–2	0

6.
Die Hochdruckpresse und der Prozeß sind nun überbestimmt. Die Systembilanz und die Mahlung lassen sich berechnen.

7.

Aufteilung: zur Mahlung: $\frac{\phi_8}{\phi_6} = \frac{227016}{243455,3} = 93,2\%$

4.8 Analytische Darstellung mehrstufiger Bilanzprobleme

In vielen Fällen stellt sich ein mehrstufiges Bilanzproblem so dar, daß in allen Grundeinheiten zwischen den betrachteten Strömen dieselben Bedingungen herrschen. Dies ist z.B. bei einem Verfahren der Fall, bei dem in jeder Stufe eine Gleichgewichtsbedingung der allgemeinen Form

$y = K \cdot x$

besteht. Destillations- und Extraktionsanlagen sind beispielsweise solche Prozesse. In diesen Fällen kann man sich um eine geschlossene Lösung des Problems bemühen, um die „Von Stufe zu Stufe"-Vorgangsweise zu umgehen. Dies ist besonders dann von Vorteil, wenn sonst ein iterativer Vorgang nötig ist. Das allgemeine Fließbild für einen derartigen Prozeß ist in Abb. 4.21 dargestellt. Hierin bezeichnen E_i und F_i die Strommengen, die die i-te Stufe verlassen, x_i und y_i beschreiben die Molen-(bzw. Massen-)brüche in F_i bzw. E_i der betrachteten Komponente.

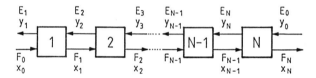

Abb. 4.21: Allgemeines Fließbild eines mehrstufigen Bilanzproblemes

In vielen Fällen kann man vereinfachend annehmen, daß die gleiche Menge einer Komponente von F zu E übergeht, wie die Menge einer anderen Komponente von E zu F. Dies gilt z.B. wenn Stoffe mit ähnlicher molarer Verdampfungswärme kondensieren (z.B. von E F) und verdampfen (von F E). In diesem Falle gilt

$E_1 = E_2 = \ldots = E_n = \ldots = E_N = E_O = E$

und

$F_O = F_1 = \ldots = F_{n-1} = \ldots = F_{N-1} = F_N = F$

Beispiel 4.18: Gegenstromwäscher

Bei solchen Gegenstromprozessen interessieren im allgemeinen die Konzentrationen der austretenden Ströme (E_1, F_N) in Abhängigkeit der eintretenden Ströme (F_0, E_0) und der Anzahl der Trennstufen (vgl. Abb. 4.21).

Lösung:

Für die erste Stufe lassen sich die Berechnungsgleichungen einfach aufstellen:

Komponentenbilanz $\quad \sum \text{Aus} = \sum \text{Ein}$
$$F_1 \cdot x_1 + E_1 \cdot y_1 = F_0 \cdot x_0 + E_2 \cdot y_2$$

Gesamtstoffbilanz
$$F_0 = F_1 = F$$
$$E_1 = E_2 = E$$

Gleichgewichtsbedingung $\quad y_1 = K \cdot x_1$

Nach Einführen des Trennfaktors S

$$S = \frac{E \cdot K}{F}$$

erhält man

$$x_1 = \frac{K \cdot x_0 + S \cdot y_2}{K \cdot (S+1)}$$

und

$$y_1 = \frac{K \cdot x_0 + S \cdot y_2}{S+1}$$

Für die zweite Trennstufe werden analog die Beziehungen angesetzt, jedoch müssen x_1 und y_2 mit denen aus Stufe 1 gleichgesetzt werden. Man erhält

$$x_2 = \frac{x_0}{S^2 + S + 1} + \frac{1}{K} \cdot \frac{S^2 + S}{S^2 + S + 1}$$

Ebenso ergibt sich bei drei Stufen

$$x_3 = \frac{x_0}{S^3 + S^2 + S + 1} + \frac{1}{K} \cdot \frac{S^3 + S^2 + S}{S^3 + S^2 + S + 1} \cdot y_3$$

und allgemein mit

$$H_N = \sum_{i=1}^{N} S^i$$

4.8 Analytische Darstellung mehrstufiger Bilanzprobleme

$$x_N = \frac{x_0}{(H_N+1)} + \frac{1}{K} \cdot \frac{H_N}{(H_N+1)} \cdot y_0$$

Die zweite Ablaufkonzentration y_1 ermittelt sich aus der Bilanz über die gesamte Anlage:

$$E \cdot y_1 + F \cdot x_N = E \cdot y_0 + F \cdot x_0$$

$$y_1 = \frac{K}{S} \left[\frac{H_N}{H_N+1} \right] \cdot x_0 + \left[1 - \frac{1}{S} \cdot \frac{H_N}{H_N+1} \right]$$

Bei Vorliegen einfacher Bedingungen, wie z.B. einer einfachen Gleichgewichtsbeziehung und bei konstanten Mengenströmen ist eine geschlossene Lösung mehrstufiger Bilanzgleichungen meist möglich. Sind die Verhältnisse komplexer, ist eine numerische Lösung vorzuziehen.

Eine detailliertere und weitergehendere Methode für Stufenmodelle für Stoff- und Wärmebilanzen findet sich in [10].

Beispiel 4.19: Mehrstufige Trenneinheit mit Rücklauf

In der Anlage nach Beispiel 4.18 soll ein Teil des in F_N austretenden Stromes wieder als Strom E eingesetzt werden. Wie ermitteln sich die Austrittskonzentrationen? (vgl. Abb. 4.22)

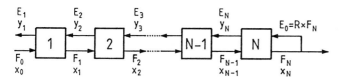

Abb. 4.22: Mehrstufiges Trennproblem mit Rücklauf

Lösung:

Es gilt hier

$$y_0 = x_N$$

$$E = R \cdot F$$

Somit erhält man aus

$$x_N = \frac{x_0}{H_N+1} + \frac{1}{K} \cdot \frac{H_N}{H_N+1} \cdot x_N$$

und

$$S = \frac{R \cdot F \cdot K}{F} = R \cdot K$$

$$x_N = \frac{K \cdot x_0}{K\,(H_N + 1) - H_N}$$

mit

$$H_N = \sum_{i=1}^{N} S^i = \sum_{i=1}^{N} R^i \cdot K^i$$

Die Austrittskonzentration im Strom E beträgt:

$$y_1 = \frac{x_0}{R} \cdot \frac{K\,(H_N + R) - H_N}{K\,(H_N + 1) - H_N}$$

4.9 Differentielle Stoffbilanzen

Wendet man den Erhaltungssatz für die Masse nicht wie bisher auf ein endliches Bilanzgebiet, wie z.B. einen Apparat oder ein ganzes Verfahren, sondern auf ein differentielles Volumsteilchen an, so erhält man Differentialgleichungen, welche zusammen mit den betreffenden Rand-, Anfangs- und Nebenbedingungen das zeit- und ortsabhängige Verhalten der Konzentrationen beschreiben. Für jedes System ist wiederum die Zahl der Stoffbilanzen gleich der der Einzelkomponenten k im System. Die Stoffbilanzen können auf die Molmengen oder Massen der Einzelkomponenten oder die Gesamtmolmenge bzw. Gesamtmasse bezogen werden.

Beispiel 4.20: Fallfilmabsorber

Im Absorber einer Absorptionswärmepumpe soll in einem stehenden Rohrbündelapparat Wasserdampf in den an der Innenseite der Rohre abfließenden Film aus wäßriger Lithiumbromidlösung absorbiert werden. Die dabei frei werdende Kondensationswärme und die Mischungswärme wird sofort an das Kühlwasser im Mantel des Apparates abgeführt, so daß der Film isotherm abläuft. Der Apparat enthält $N_R = 144$ Rohre mit einem Innendurchmesser von $d = 1{,}25$ mm (Abb. 4.23). Die eintretende arme LiBr-Lösung A mit 0,84 kg/s enthält 36 % Gew. Wasser. Durch die Absorption des Stromes D (reiner Wasserdampf) mit 0,06 kg/s wird die reiche Lösung R hergestellt, wo bei der herrschenden Temperatur die Sättigung mit $w_w = 0{,}4$ erreicht wäre.

Neben der Konzentration und Menge von R ist die erforderliche Rohrlänge gefragt, wenn die aus der Gasphase absorbierte Wassermenge proportional der Konzentrationsdifferenz zwischen gesättigter Filmoberfläche und mittleren Film ($c_i - c$) ist. Der Proportionalitätsfaktor (Stoffübergangskoeffizient) sei $\beta = 0{,}007$

4.9 Differentielle Stoffbilanzen

cm/s. Die Dichte kann für diesen Fall mit $\cdot$ 1.740 kg/m^3 als konstant über die gesamte Höhe angenommen werden.

Lösung:

Aus den Stoffbilanzen über den Fallfilmabsorber folgt für die Gesamtmenge bzw. für die einzelnen Komponenten Wasser (W) und Lithiumbromid (L).

$R - A - D = 0$

$R \cdot w_{W,R} - A \cdot w_{W,A} - D = 0$

$R \cdot w_{L,R} - A \cdot w_{L,A} = 0$

Hieraus erhält man für den austretenden Strom

$R = A + D = 1,31$ kg/s

und

$$w_{L,R} = \frac{A \cdot w_{L,A}}{A + D} = 61\% \text{ Gew.}$$

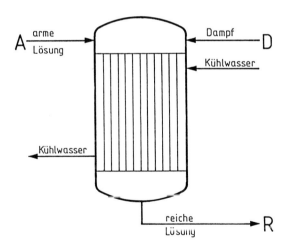

Abb. 4.23: Fallfilmabsorber

Zur Berechnung der Rohrlänge muß nun das Konzentrationsprofil über die gesamte Rohrlänge des Filmes errechnet werden (Abb. 4.24).

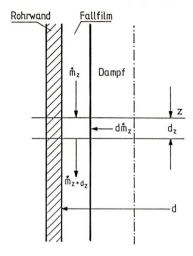

Abb. 4.24: Differentielles Element am Film

Für den differentiellen Längsabschnitt von der Stelle z bis z+dz ergibt die Bilanz

$$\dot{m}_{z+dz} = \dot{m}_z + d\dot{m}_z$$

mit

$$\dot{m}_z = \frac{\dot{M}_z}{N_R \cdot \pi \cdot d} = \dot{m}_{W,z} + \dot{m}_{L,z} \qquad \frac{kg}{s \cdot m}$$

als Masse, die pro Längeneinheit am Umfang nach der Laufstrecke z abfließt. Da nur Wasser absorbiert wird und der LiBr-Strom konstant ist, gilt:

$$\dot{m}_{L,z} = \dot{m}_{L,z+dz} = \frac{A \cdot w_{L,A}}{N_R \cdot \pi \cdot d}$$

Die Wasserbilanz am Element dz lautet:

$$\dot{m}_{W,z+dz} = \dot{m}_{W,z} + d\dot{m}_z$$

mit

$$d\dot{m}_z = \widetilde{M} \cdot d\dot{n}_z$$

und

$$d\dot{n}_z = \beta \cdot (c_{W,I} - c_W) \cdot dz$$

Hierin stellt $c_{W,I}$ die Konzentration des Wassers an der Filmoberfläche (I... Inter-

4.9 Differentielle Stoffbilanzen

face) und c_W die Wasserkonzentration im Inneren des Filmes dar (Abb. 4.25). An der Oberfläche wird Sättigungskonzentration angenommen.

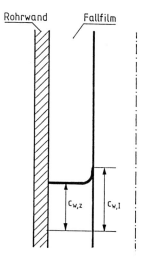

Abb. 4.25: Konzentrationsverlauf im Fallfilm

Faßt man die beiden letzten Gleichungen zusammen, erhält man

$$\frac{d\dot{m}}{dz} = \beta \cdot \tilde{M} \, (c_{W,I} - c_W) \, .$$

Bei einer gegebenen Dichte ρ erhält man die Partialdichte ρ_W des Wassers aus:

$$\rho_W = \rho \cdot w_W$$

Entsprechend gilt für die Konzentration

$$c_W = \frac{\rho}{\tilde{M}} \cdot w_W$$

Somit gilt:

$$\frac{d\dot{m}}{dz} \cdot \beta \cdot \rho \cdot (w_{W,I} - w_W)$$

Der Gewichtsbruch im Film läßt sich über die Mengen ausdrücken:

$$w_W = \frac{\dot{m}_W}{\dot{m}_W + \dot{m}_L}$$

In der nun erhaltenen Differentialgleichung sind somit alle Abhängigen durch z bzw. $\dot{m}_W$ ausgedrückt.

$$\frac{d\dot{m}_W}{dz} = \beta \cdot \rho \left(w_I - \frac{\dot{m}_W}{\dot{m}_W + \dot{m}_L} \right)$$

$$\frac{d\dot{m}_W}{\left[w_I - \frac{\dot{m}_W}{\dot{m}_W + \dot{m}_L} \right]} = \beta \cdot \rho \cdot dz$$

$$\ln \left(w_I \cdot \dot{m}_L + (w_I - 1) \cdot \dot{m}_W \right) \frac{\dot{m}_L}{w_I - 1} \left(1 - \frac{w_I}{w_I - 1} \right) + \frac{\dot{m}_W}{w_I - 1} = \beta \cdot \rho \cdot z + C$$

Die Integrationskonstante C errechnet sich aus den Eintrittsbedingungen ($z = 0$, $\dot{m}_W = \dot{m}_{W,A}$).

$$C = \ln \left(w_I \cdot \dot{m}_L + (w_I - 1) \cdot \dot{m}_{W,A} \right) \frac{\dot{m}_L}{(w_I - 1)} \left(1 - \frac{w_I}{w_I - 1} \right) + \frac{\dot{m}_{W,A}}{w_I - 1}$$

Da die Wassermenge am Austritt aus der Gesamtbilanz bekannt ist, gilt als weitere Bedingung für die Berechnung der Rohrlänge:

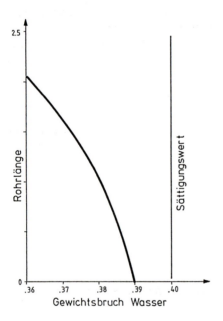

Abb. 4.26: Konzentrationszunahme des Wassers im Fallfilm

$z = L$

$\dot{m}_W = \dot{m}_{W,R}$

Die Lösung der Gleichung ergibt somit:

$$L = \frac{1}{\beta \cdot \rho} \ln\left(\frac{w_I \cdot \dot{m}_L + (w_I - 1) \cdot \dot{m}_{W,R}}{w_I \cdot \dot{m}_L + (w_I - 1) \cdot \dot{m}_{W,A}}\right)\left(\frac{\dot{m}_L}{w_I - 1}\right)\left(1 - \frac{w_I}{w_I - 1}\right) + \frac{\dot{m}_{W,R} - \dot{m}_{W,A}}{w_I - 1}$$

Setzt man die Zahlenwerte ein, erhält man für L 2,08 m. Abb. 4.26 zeigt das Konzentrationsprofil entlang des Fallfilmes, das mit der erhaltenen Gleichung ebenfalls berechnet werden kann.

4.10 Zusammenfassung

In diesem Kapitel haben wir versucht, die Erstellung von Massenbilanzen zu systematisieren. Es zeigte sich, daß für jede Stromvariable, d.h. für jeden Komponentenstrom in das System, im System und aus dem System eine Beziehung bestehen muß.

Als gültige Beziehung gelten Bilanzen, gegebene Mengen oder Konzentrationen, Verhältnisse und ähnliche Maßzahlen. Eine Besonderheit liegt bei einem Splitter vor, wo sich Konzentrationen nicht ändern. Hier wird die Anzahl freier Variablen zusätzlich durch die Splitterrestriktionen eingeschränkt.

Durch die Bilanzierung über differentielle Abschnitte erhält man Konzentrationsverläufe in kontinuierlichen Systemen.

Kapitel 5   Instationäre Stoffbilanzen ohne chemische Umwandlung

In verfahrenstechnischen Prozessen treten häufig Teilschritte auf, die diskontinuierlich gefahren werden. Unter einer diskontinuierlichen – oder absatzweisen – Produktion, dem Batch-Betrieb, versteht man eine Betriebsweise, bei der Apparate nicht mit kontinuierlichem Durchfluß betrieben werden. Meist erfolgt dann der Betrieb in den Teilvorgängen:

– Füllen
– Eigentlicher Produktionsschritt
– Entleeren.

Gleichzeitig mit diesen Vorgängen oder versetzt dazu, kann beheizt, gekühlt oder gemischt werden. Bei der Bilanzierung von Batchprozessen kann man nun prinzipiell auf zwei verschiedene Arten vorgehen:

– Der Batchbetrieb wird ignoriert und als pseudostationär betrachtet.
– Der Batchbetrieb wird als zeitabhängiger Vorgang berechnet.

In diesem Abschnitt wird auf die Berücksichtigung des Speicherterms der instationären Stoffbilanzgleichung eingegangen werden.
    Die Bilanzgleichungen müssen daher als Differentialgleichungen angeschrieben und gelöst werden.

5.1 Pseudostationäre Behandlung

Die Behandlung der instationären Vorgänge als pseudostationäre erfolgt dann, wenn Batchprozesse in einem größeren kontinuierlichen Betrieb eingegliedert sind. In diesem Falle gibt es die nötigen Speichereinrichtungen und gegebenenfalls eine Reihe von parallel geschalteten diskontinuierlichen Prozessen, so daß dieses Gesamtsystem nach außen hin als kontinuierlich auftritt. Die einzelnen Chargen werden dann zeitlich zueinander versetzt gefahren (Abb. 5.1).
    Für eine Erstellung von Stoff- und Energiebilanzen ganzer Verfahren genügt diese Darstellung meist. Natürlich muß bei der Auslegung von Versorgungs- und Entsorgungssystemen darauf geachtet werden, daß Spitzen in den Anforderungen auftreten können, die gedeckt werden müssen. Besonders wenn nicht sichergestellt werden kann, daß die parallel betriebenen Einheiten zeitlich koordiniert sind, kann es zu erheblichen momentanen Belastungen des Systems kommen.

5.1 Pseudostationäre Behandlung

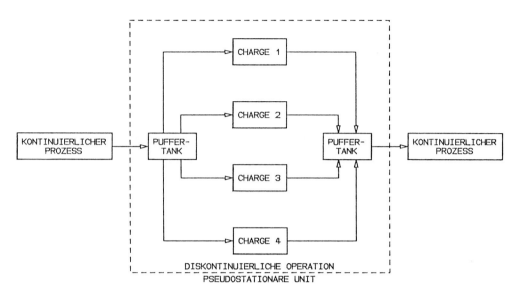

Abb. 5.1: Batchprozesse als pseudostationäre Einheit

Apparate innerhalb der pseudostationären Unit können natürlich nicht auf Basis der erstellten Verfahrensbilanzen dimensioniert werden. Besonders für die Pufferbehälter muß eine Analyse aller möglichen Varianten des Betriebes der parallelen Einheiten vorgenommen werden.

Beispiel 5.1: Batchdestillation

Ein Gemisch aus Ethylazetat (Etac, E) und Wasser (W) aus einem Einsatzstrom von 80 kg/h Etac und 39 kg/h Wasser muß durch eine absatzweise Destillation getrennt werden. Hierzu wird das Gemisch, das als zweiphasiges System vorliegt, zuerst in einem Flüssig-Flüssig-Abscheider in eine organische (O) und eine wäßrige (W) Phase getrennt. Die beiden Ströme haben folgende Zusammensetzung:

O: 74 mol% Etac
W: 22 mol% Etac

Die organische Phase wird in einer diskontinuierlichen Kolonne ausgekocht, um reines Etac zu erhalten. Das dabei anfallende Kopfprodukt enthält 30 mol% H_2O. Die wäßrige Phase wird zeitversetzt in derselben Kolonne rein gekocht; das Kopfprodukt enthält 35 % H_2O. Diese beiden Ströme werden mit dem Einsatzstrom vermischt und mit der nächsten Charge in den Abscheider gegeben (Abb. 5.2). Der Durchsatz durch den Absetzer ist gefragt.

Lösung:

In diesem Problem ist die Einsatzmenge in den Abscheider vorerst unbekannt, da diese von der Rücklaufmenge beeinflußt wird. Obwohl der Prozeß in allen drei Apparaten absatzweise gefahren wird, kann die Einheit für die Bilanzierung als pseudostationär angesehen werden. Die Bilanzierung erfolgt, wie dies in Kapitel 4 erarbeitet wurde.

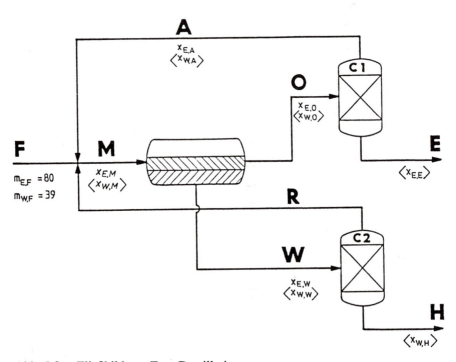

Abb. 5.2: Fließbild zur Etac-Destillation

1. Fließbild (als pseudostationäre Einheit)
Das Fließbild liegt mit Abb. 5.2 vor.

2. Bilanzgrenzen
Bilanziert kann über die drei Grundeinheiten, über den Mischpunkt und über die gesamte Anlage werden.

3. Basis
Die Einsatzmenge ist gegeben. Umgerechnet erhält man $F = 3{,}08$ kmol/h mit $x_{E,F} = 0{,}30$.

5.2 Berücksichtigung der Zeitabhängigkeit

4. Basisdimensionen
Wegen der Angabe der Zusammensetzung in Mol% wird in kmol und h gerechnet.

5. Gleichungen
Zuerst legen wir den Lösungsweg durch eine Analyse der Freiheitsgrade fest.

	Mischp.	Absch.	C1	C2	Prozeß	Anlage
Stromvariablen SV	8	6	5	5	14	4
Bilanzgleichungen	2	2	2	2	8	2
geg. Konzentrationen	3	2	2	2	5	1
bekannte Ströme	1	–	–	–	1	1
zusätzliche Bedingungen	–	–	–	–	0	–
	6 –6	4 –4	4 –4	4 –4	14 –14	4 –4
Freiheitsgrade	2	2	1	1	–0	0

Ausgehend von den Bilanzen um die Anlage lassen sich die Mengen errechnen.

6.
Lösung ist trivial.

7.
Es gehen 10,10 kmol/h Gemisch durch den Absetzer.

5.2 Berücksichtigung der Zeitabhängigkeit

Die Bilanzgleichungen beruhen auf den Erhaltungssätzen für Masse, Energie und Impuls. Betrachtet man ein geschlossenes System, so besagen die Erhaltungssätze, daß die Gesamtheiten der Größen Masse, Energie und Impuls unverändert bleiben. Für ein offenes System werden die Erhaltungssätze erweitert und folgend formuliert:

$$\begin{bmatrix} \text{Summe der aus dem System} \\ \text{abgeführten Mengen} \\ \text{I} \end{bmatrix} - \begin{bmatrix} \text{Summe der dem System} \\ \text{zugeführten Mengen} \\ \text{II} \end{bmatrix} =$$

$$\begin{bmatrix} \text{Abnahme bzw. Zunahme der} \\ \text{im System gespeicherten} \\ \text{Mengen} \\ \text{III} \end{bmatrix} \pm \begin{bmatrix} \text{Die durch Umwandlung ge-} \\ \text{bildeten bzw. verbrauchten} \\ \text{Mengen} \\ \text{IV} \end{bmatrix} \quad (5.1)$$

wobei obige Terme folgende Bedeutung besitzen:

I,II . . . . Transportterme
III . . . . Speicherterm
IV . . . . Umwandlungsterm

In Systemen ohne chemische Reaktion, wie sie in diesem Abschnitt behandelt werden, wird der vierte Term zu Null. Die mathematische Form der Bilanzgleichung lautet sodann

$$\sum_{i=1}^{k} \dot{m}_{i,\,Aus} - \sum_{j=1}^{l} \dot{m}_{j,\,Ein} = -\frac{\Delta m_s}{\Delta t}$$

$\dot{m}$ sind die Mengen der k austretenden bzw. l eintretenden Ströme (Menge pro Zeiteinheit). Als zeitbezogene Mengen sind sie durch den aufgesetzten Punkt gekennzeichnet. m_s beschreibt die Masse im System.

Diese instationäre Bilanzgleichung kann wie die stationäre für verschiedene Größen als Menge angeschrieben werden:

– Für die Masse jeder Komponente (kg)
– Für die Gesamtmasse (kg)
– Für die Atomzahlen jeder Komponente (–)
– Für die Gesamtatomzahlen (–)
– Im Falle ohne chemische Umwandlung für Molekülzahlen der Komponenten und insgesamt (Mole)

Beispiel 5.2: Auswaschen einer Salzlösung

In einen mit 100 m^3 reinem Wasser gefüllten Behälter strömt ein Salzwasserstrom mit 2 m^3/min. Die Konzentration an Salz ist 2 kg/m^3; aus dem Behälter strömen 2 m^3/min. Es sind folgende Fragen zu beantworten:

1) Welche Konzentration an Salz herrscht im Kessel nach 1 Stunde?
2) Welche Salzkonzentration gibt es im stationären Zustand?
3) Wie lange dauert es, bis die Menge Salz im Behälter von 100 kg auf 150 kg ansteigt?

Es ist anzunehmen, daß der Behälter vollkommen durchmischt ist.

Grundsätzlich wird bei der Bilanzierung wie bei stationären Bilanzen vorgegangen. Die Teilschritte sind durchnummeriert, wie am Anfang des Kapitels 4 beschrieben wurde.

Lösung:

1.
Das Fließbild ist in Abb. 5.3 dargestellt.

5.2 Berücksichtigung der Zeitabhängigkeit

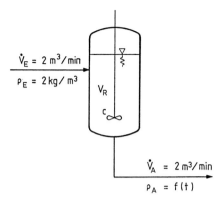

Abb. 5.3: Fließbild eines Rührkesselprozesses

2.
Bilanzgrenzen können nur um den Apparat gezogen werden.

3.
Als Basisgröße wird der Einsatzstrom von 2 m³/min gewählt.

4.
Basisdimension ist diesmal m bzw. m³, min und kg.

5.
Der Erhaltungssatz gilt für das Salz

$$\dot{m}_A - \dot{m}_E = -\frac{d}{dt} m_s$$

Die Masse des Salzes im Behälter errechnet sich aus dem Volumen V_R des Behälters und der momentan herrschenden, aber veränderlichen Massenkonzentration ρ_s (die Massenkonzentration entspricht der partiellen Dichte der betrachteten Substanz).

$$m_s = V_R \cdot \rho_s \qquad m^3 \cdot \frac{kg}{m^3} = kg$$

In gleicher Weise können die Massenströme im Austritt ($\dot{m}_A$) und im Eintritt ($\dot{m}_E$) aus den Volumenströmen und den gegebenen Konzentrationen berechnet werden. Während die Eintrittskonzentration über den gesamten Vorgang gleich bleibt, ändert sich die am Austritt. Bei einem ideal durchmischten Rührbehälter fließt immer Stoff mit derselben Konzentration ab, wie sie im Behälter vorherrscht ($\rho_A = \rho_s$).

$$\dot{m}_E = \dot{V}_E \cdot \rho_E$$

$$\dot{m}_A = \dot{V}_A \cdot \rho_A$$

Da der eintretende Volumenstrom $\dot{V}_E$ gleich dem austretenden $\dot{V}_A$ ist, vereinfachen sich die Beziehungen

$$\dot{V}_E = \dot{V}_A = \dot{V}$$

$$\dot{m}_E = \dot{V} \cdot \rho_E$$

$$\dot{m}_A = \dot{V} \cdot \rho_s$$

Eingesetzt in die Massenbilanz erhält man:

$$-\frac{d}{dt}(V_R \cdot \rho_s) = \dot{V}(\rho_s - \rho_E)$$

Da $V_R = $ const, folgt

$$V_R \cdot \frac{d\rho_s}{dt} = \dot{V}(\rho_E - \rho_s)$$

Nach Trennung der Variablen und Integration folgt

$$\frac{d\rho_s}{\rho_E - \rho_s} = \frac{\dot{V}}{V_R} \cdot dt \qquad \text{bzw.}$$

$$-\ln(\rho_E - \rho_s) = \frac{\dot{V}}{V_R} \cdot t + C$$

C....Integrationskonstante

Die Ermittlung der Integrationskonstante erfolgt über die Anfangsbedingungen.

Anfangsbedingungen:

$t = 0 \qquad \rho_s = 0$
$-\ln(\rho_E) = 0 + C$
$C = -\ln(\rho_E)$

Man erhält nach Einsetzen der Integrationskonstanten

$$\ln(\rho_E - \rho_s) = -\frac{\dot{V}}{V_R} t + \ln(\rho_E)$$

und weiter

5.2 Berücksichtigung der Zeitabhängigkeit

$$\ln\left(\frac{\rho_E - \rho_S}{\rho_E}\right) = -\frac{\dot{V}}{V_R} \cdot t$$

$$\frac{\rho_E - \rho_S}{\rho_E} = e^{-\frac{\dot{V}}{V_R} \cdot t}$$

Dadurch ergibt sich folgende dimensionslose Gleichung

$$\frac{\rho_S}{\rho_E} = 1 - e^{-(\dot{V}/V_R) t}$$

Setzt man die Daten aus der Angabe ein, erhält man die Zunahme der Konzentration entsprechend Abb. 5.4:

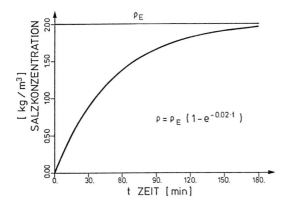

Abb. 5.4: Zunahme der Salzkonzentration im Behälter

Spezielle Lösungen:

Frage 1:
Konzentration an Salz im Behälter nach 1 Stunde

$$\frac{\rho_S}{\rho_E} = 1 - e^{(-2/100) \, 60}$$

$$\frac{\rho_S}{\rho_E} = 0{,}699$$

$$\rho_S = 1{,}398 \text{ kg/m}^3$$

Frage 2:
Konzentration im stationären Zustand

$$\frac{d\rho_s}{dt} = 0 \quad \text{(stationär)}$$

somit: $\dot{V}(\rho_E - \rho_s) = 0 \qquad \rho_E = \rho_s = 2 \, kg/m^3$

Für t ergibt sich ∞!

Frage 3:
Wie lange dauert es, bis die Menge Salz von 100 kg auf 150 kg im Behälter ansteigt?

$$m_s = \rho_s V_R \qquad \rho_s = \frac{m_s}{V_R}$$

für 100 kg $\qquad \rho_s = \frac{100}{100} = 1 \, kg/m^3$

für 150 kg $\qquad \rho_s = \frac{150}{100} = 1{,}5 \, kg/m^3$

Lösung der Gleichung nach t

$$t = \frac{-V_R}{\dot{V}} \ln\left(\frac{\rho_E - \rho_s}{\rho_E}\right)$$

Man berechnet den Zeitpunkt, für den $\rho = 1{,}0$ bzw. $1{,}5$ ist

$$t_{(\rho = 1,0)} = \frac{100}{2} \ln \frac{2}{2-1} = 34{,}66 \, min$$

$$t_{(\rho = 1,5)} = \frac{100}{2} \ln \frac{2}{2-1{,}5} = 69{,}31 \, min$$

$\Delta t = 34{,}66 \, min$

Die Salzmenge im Behälter steigt in 34,7 min von 100 kg auf 150 kg an.

Ein instationärer Vorgang kann auch ohne Zu- und Abfluß zum bzw. vom System erfolgen.

Beispiel 5.3: Lösen von Salz

Ein 100 m³ Behälter, der mit Frischwasser gefüllt ist, enthält Salz als ungelösten Feststoff. Das Salz soll gelöst werden, wobei die Lösegeschwindigkeit beträgt:

$$\dot{m} = \frac{1}{3}(\rho^* - \rho_s) \qquad \frac{kg}{h}$$

wobei $\quad \rho^* =$ Sättigungskonzentration von Salz im Wasser (kg/m^3)

5.2 Berücksichtigung der Zeitabhängigkeit

ρ_s = Konzentration des Salzes zu verschiedenen Zeitpunkten;
$\rho_s = f(t)$ (kg/m^3)
$\rho_0 = 0$ kg/m^3 zu Beginn

Frage:
Wieviel Salz ist nach 1 Stunde gelöst, wenn die Sättigungskonzentration 300 kg/m^3 beträgt?

Lösung:

Man geht wie üblich vor:

1. Fließbild

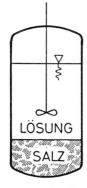

Abb. 5.5: Lösevorgang in einem Rührkessel

2. Bilanzgrenzen
Es sind zwei Bilanzgebiete innerhalb des Kessels zu definieren. Das eine beinhaltet die Salzlösung, das andere die festen, ungelösten Stoffe. In der Praxis wird der Feststoff in der Lösung verteilt sein und die Bilanzhülle ist somit jede Oberfläche eines Feststoffes. Für die Betrachtung der globalen Bilanzen bei Kenntnis der Auflösegeschwindigkeit ist dies jedoch ohne Bedeutung.

3.
Es ist keine Basismenge nötig.

4.
Wir rechnen in kg, m^3 und h.

5.
Die Berechnungsgleichungen beruhen auf dem Massenerhaltungssatz. Betrachtet wird die Lösung, wobei das sich auflösende Salz als eintretender Strom $\dot{m}$ angesehen wird. Das System besitzt keinen austretenden Strom. M bezeichnet die gelöste Menge Salz.

$$0 - \dot{m} = -\frac{dm_s}{dt} \; ; \; \frac{dm_s}{dt} = \dot{m}$$

mit $m_s = \rho \cdot V_R$ und $\dot{m} = \frac{1}{3}(\rho^* - \rho_s)$ erhält man

$$\frac{d(V_R \cdot \rho_s)}{dt} = \frac{1}{3}(\rho^* - \rho_s)$$

Mit V_R = const

$$V_R \cdot \frac{d\rho_s}{dt} = \frac{1}{3}(\rho^* - \rho_s)$$

Hieraus ergibt sich nach Trennung der Variablen und Integration

$$\frac{d\rho_s}{\rho^* - \rho_s} = \frac{1}{3V_R} \cdot dt$$

$$\ln(\rho^* - \rho_s) = -\frac{t}{3V_R} + C$$

Die Integrationskonstante C erhält man aus den Zuständen zum Zeitpunkt t = 0 und $\rho_s = 0$.

$$\ln \rho^* = C$$

Nach dem Einsetzen ergibt sich

$$\ln(\rho^* - \rho_s) = \frac{-t}{3V_R} + \ln \rho^*$$

$$\ln \frac{\rho^* - \rho_s}{\rho^*} = -\frac{t}{3V_R}$$

$$\frac{\rho_s}{\rho^*} = 1 - e^{-(t/3V_R)}$$

Spezielle Lösung bei t = 1 h
– für die Konzentration

$$\rho_s = 300(1 - e^{-1/300}) = 0{,}998 \text{ kg/m}^3$$

– für die gelöste Menge

$$m_s = \rho_s \cdot V_R = 0{,}998 \cdot 100 = 99{,}8 \text{ kg}$$

Im allgemeinen wird die Geschwindigkeit eines Vorganges, wie hier die Auflösung des Salzes, bei einem instationären Prozeß ihrerseits zeitabhängig sein. So ändert

5.2 Berücksichtigung der Zeitabhängigkeit

sich z.B. bei einem Lösevorgang die Oberfläche des Feststoffes ständig, bis sie nach vollendeter Auflösung bei F = 0 angelangt ist.

Beispiel 5.4: Auflöseprozeß mit veränderlicher Lösegeschwindigkeit

Lösegut und Lösungsmittel werden in einem Behälter (Lösekessel) zusammengebracht und durch ein Rührwerk gründlich durchwirbelt. Die Konzentration ρ_s des Salzes in der Lösung nimmt allmählich zu, bis das Lösegut vollkommen gelöst ist. Dann wird die fertige Lösung aus dem Kessel abgelassen und der Vorgang kann von Neuem beginnen. Die in einem Zeitelement dt gelöste Menge dB beträgt

$$dB = V \cdot \frac{d\rho_s}{dt} = \beta \cdot A \cdot (\rho^* - \rho_s)$$

wenn V in m^3 das gesamte Lösungsvolumen bedeutet, das als unveränderlich angenommen werden soll, also gleich dem Anfangsvolumen des Lösungsmittels ist. Solange die Temperatur nicht geändert wird, bleibt die an der Lösegrenze herrschende Konzentration c* unverändert, dagegen nimmt die Größe der festen Teilchen und damit ihre gesamte Oberfläche F mit zunehmender Auflösung ab.

Das Lösegut liegt in n gleichen Kugeln mit der Anfangsmasse 11,03 g vor, die sich während des Lösens geometrisch ähnlich bleiben. Ihre Oberfläche sei F, ihr Rauminhalt R, bei Beginn sei $F_0 = 14{,}15$ cm^2 und somit $R_0 = 5$ cm^3. Dann bleibt das Verhältnis

$$r = \frac{F}{R^{2/3}} = \frac{F_0}{R_0^{2/3}} \ ; \ F = r \cdot R^{2/3}$$

unverändert.

Bei Beginn sollen 5 kg Lösegut vorhanden sein ($B_0 = 5$ kg). β ist aus Versuchen bekannt und beträgt $4 \cdot 10^{-5}$ m/s. Die Sättigungskonzentration ρ^* für NaCl beträgt 33 kg pro 100 kg H$_2$O.

Lösung:

Bei völliger Auflösung ergibt sich die Konzentration

$$\rho_E = \frac{B_0}{V} \ .$$

Wäre ρ_E größer als ρ^*, so bliebe nach Sättigung der Lösung noch die Menge

$$B_E = B_0 \left(1 - \frac{\rho^*}{\rho_E}\right)$$

ungelöst. Wenn die Konzentration c erreicht ist, sind noch

$$B = B_0 \left(1 - \frac{\rho}{\rho_E}\right) \text{ kg}$$

übrig.

Damit erhält man für die gesamte Oberfläche A des Lösegutes beim Erreichen der Konzentration c

$$A = n \cdot F = n \cdot r \cdot R^{2/3} = n \cdot r \cdot R_0^{2/3} \left(1 - \frac{\rho_s}{\rho_b}\right)^{2/3}$$

Ist das spezifische Gewicht des Lösegutes ρ_L kg/m³, so ist

$$B_0 = V \cdot \rho_E = n \cdot R_0 \cdot \rho_L$$

und man erhält schließlich für die Konzentrationsänderung in der Zeit dt

$$dc = \frac{\beta \cdot \rho_E}{\rho_L} \cdot \frac{F_0}{R_0} \left(1 - \frac{\rho_s}{\rho_E}\right)^{2/3} \cdot (\rho^* - \rho_s) \cdot dt$$

Für die numerische Lösung dieser Gleichung ist es bequemer, an Stelle eines Zeitschrittes oder eines Konzentrationsschrittes eine sehr kleine aufgelöste Menge B als bekannte Basis anzunehmen. Hieraus läßt sich die Konzentration der Flüssigkeit errechnen

$$\Delta \rho_s = \frac{\Delta B}{V}$$

Die verbliebene Oberfläche für den Auflösevorgang ergibt sich zu

$$F = F_0 \cdot \left(B_0 - \frac{B}{B_0}\right)^{2/3} \qquad A = n \cdot F$$

Aus der ersten Gleichung erhält man

$$t = \frac{B}{\beta \cdot A \cdot (\rho^* - \rho_s)}$$

Die numerische Integration der Gleichung ergibt einen Konzentrationsverlauf und eine Abnahme der Oberfläche, wie diese in Abb. 5.6 und 5.7 dargestellt sind.

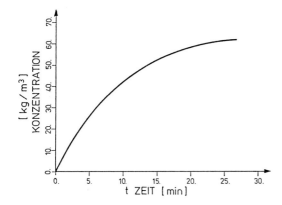

Abb. 5.6: Konzentrationszunahme bei Auflösevorgang mit konstantem β

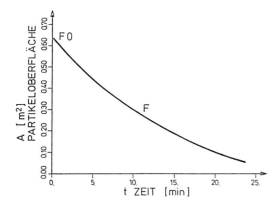

Abb. 5.7: Zeitliche Veränderung der Partikeloberfläche bei der Auflösung

5.3 Zusammenfassung

Instationäre Vorgänge in Grundoperationen verfahrenstechnischer Prozesse führen zu Differentialgleichungen bzw. zu Differentialgleichungssystemen. In einfachen Fällen ist es möglich, diese analytisch zu lösen, im allgemeinen wird man auf numerische Methoden zurückgreifen.

Ist ein instationäres System in einem stationär laufenden Prozeß eingebettet, ist es vorzuziehen, diesen – einschließlich vorhandener Ausgleichsbehälter – bei der Prozeßbetrachtung als pseudostationäre Einheit anzusehen.

Kapitel 6 Stationäre Stoffbilanzen mit chemischer Umwandlung

Das Kernstück der meisten verfahrenstechnischen Prozesse stellt ein chemisches Umwandlungsverfahren dar, das die eingesetzten und vorbereiteten Rohstoffe in das gewünschte Produkt umwandelt. Auch treten chemische Reaktionen häufig in den Nebenprozessen auf, so im Rahmen der Energiebereitstellung bei der Verbrennung von Brennstoffen im Kesselhaus und bei der Entsorgung von Abfallstoffen.

Ähnliche Bedingungen wie bei chemischen Reaktionen treten bei vielen technisch genützten biologischen Reaktionen auf. So können die biologische Abwasserreinigung oder Fermentationen formal wie chemische Reaktionen behandelt werden; auch sie unterliegen den grundsätzlichen Gesetzmäßigkeiten, wie z.B. den Erhaltungssätzen für Energie und Masse. Im Rahmen dieses Abschnittes werden jedoch nur chemische Reaktionen behandelt.

Der Ablauf chemischer Umsetzungen kann nicht allein auf Basis der Erhaltungssätze und der chemischen Stöchiometrie beschrieben werden. Vielmehr kommen noch eine Reihe weiterer Beziehungen hinzu, wie die Ablaufgeschwindigkeit der Reaktion und das Mischungsverhalten des Reaktors. Diese weiteren Angaben dienen aber im wesentlichen zur Berechnung der Größe des Reaktionsgefäßes. Zur reinen Bilanzierung genügen – wie im Falle der Prozesse ohne chemische Reaktion – die Erhaltungssätze, wenn man diese durch weitere Beziehungen über den Umsatz der Reaktion ergänzt.

In diesem Sinne werden am Anfang dieses Kapitels Probleme behandelt, bei welchen auf Basis der Kenntnis der umgesetzten Menge zumindest einer Komponente oder entsprechender Konzentrationen die Bilanzierung um den chemischen Reaktor vorgenommen werden kann. Erst später wird auf die Reaktortypen und die Reaktionsgleichungen eingegangen.

Zur Lösung der Stoffbilanzen in Systemen mit chemischer Umwandlung gibt es drei elementare Methoden:

– Auf Basis Mole unter Berücksichtigung der Bildung,
– auf Basis Atome aufbauend auf den Erhaltungssätzen und
– auf Basis Reaktionsgeschwindigkeit und Verweilzeit.

In den beiden ersten Fällen müssen Angaben darüber gemacht werden, wie weit die Substanzen reagiert haben bzw. reagieren sollen.

Eine besondere Problemstellung besteht, wenn mehrere Reaktionen gleichzeitig (Parallelreaktionen) oder hintereinander (Folgereaktionen) ablaufen. Hier ist die Beschreibung des Umsatzes besonders sorgfältig vorzunehmen.

Als grundlegende Beziehungen für die Berechnung von Bilanzen mit chemischer Reaktion gelten:

- Die Erhaltungssätze
- Die stöchiometrischen Gleichungen
- Das chemische Gleichgewicht als Angabe darüber, wie weit eine Reaktion ablaufen kann
- Der Umsatz als Angabe, welcher Anteil einer betrachteten Komponente umgesetzt wurde
- Die Reaktionsgeschwindigkeiten
- Die Verweilzeit (Reaktionszeit)
- Die Mischungsverhältnisse im Reaktor

Die stöchiometrische Gleichung wird allgemein angeschrieben als

$$\sum_{i=1}^{k} v_i \cdot n_i \Leftrightarrow \sum_{j=1}^{l} v_j \cdot n_j \tag{6.1}$$

Hierin bedeutet v_n den zur jeweiligen Molekülart n gehörigen stöchiometrischen Faktor. In vielen Fällen ist es vorteilhafter, die Bilanz über die Reaktion zu beschreiben durch

$$\sum v_i \cdot n_i = 0 \tag{6.2}$$

wobei die v_i der Reaktanten negativ und die der Produkte positiv sind.

In diesem Abschnitt wird ausgehend von der Analyse einzelner Produktionen, die Bilanzierung von Vorgängen mit chemischer Reaktion erarbeitet werden. Diese Methode kann dann sowohl für Bilanzen auf Basis mol als auch auf Basis kg angewandt werden. Die Behandlung von Folge- und Parallelreaktionen wird besprochen. Hierbei wird es sich als notwendig herausstellen, die Zahl der unabhängig voneinander existierenden Reaktionen zu kennen bzw. zu ermitteln.

Für spezielle Probleme ist es vorteilhafter Atombilanzen zu erstellen, da hier der Term der Bildung in der Bilanzgleichung nicht berücksichtigt werden muß. Dafür ist aber die Zahl der unabhängigen Atombilanzen zu ermitteln.

6.1 Molekülbilanzen bei chemischer Reaktion

Bei den Bilanzen für Systeme ohne chemische Reaktion wurde in der allgemeinen Beziehung des Erhaltungssatzes der Masse der Term, der die Umwandlung im System beschreibt, gleich Null gesetzt. Findet diese Umwandlung jedoch statt, muß eine geeignete Darstellung dieses Summanden gefunden werden. Obwohl es prinzipiell möglich ist, jede Komponente als Bezugsbasis für die Reaktion zu nehmen, so lange sie daran teilnimmt, ist vorzuziehen eine Beschreibung zu finden, die unabhängig von der gewählten Basis ist.

Beispiel 6.1: Lichtbogenpyrolyse

In einem Lichtbogen zur Herstellung von Acetylen läuft bei 2000 °C die Reaktion

$$2\,CH_4 \Leftrightarrow CH \equiv CH + 3\,H_2$$

ab. 40 mol/h CH_4 werden eingespeist und erbringen 22 mol/h CH_4, 9 mol/h C_2H_2 und 27 mol/h H_2.
Wie lassen sich die Erhaltungssätze darstellen?

Lösung:

Der Erhaltungssatz für Mole jeder Spezies gilt hier nicht. Man nennt die Differenz zwischen austretender und eintretender Menge die „Bildung". Sie ist für Reaktanten negativ ($B_i < 0$) und für Reaktionsprodukte positiv ($B_i > 0$). Substanzen mit $B_i = 0$ nehmen an der Reaktion nicht teil (Inerte) oder entstehen im Laufe des Prozesses wieder (Katalysatoren).

Mit der Einführung der individuellen Bildung erhält man im stationären Fall für die Komponente i:

$$\dot{n}_{i,Aus} - \dot{n}_{i,Ein} = \dot{B}_i$$

Die Punkte auf n und B verdeutlichen, daß diese Werte zeitbezogen sind (mol/h, kg/h).
Im Falle der Pyrolyse gilt

$$\dot{n}_{CH_4,A} - \dot{n}_{CH_4,E} = \dot{B}_{CH_4}$$

$$\dot{n}_{C_2H_2,A} - \dot{n}_{C_2H_2,E} = \dot{B}_{C_2H_2}$$

$$\dot{n}_{H_2,A} - \dot{n}_{H_2,E} = \dot{B}_{H_2}$$

Es ergibt sich somit

$$\dot{B}_{CH_4} = -18\,mol/h$$

$$\dot{B}_{C_2H_2} = 9\,mol/h$$

$$\dot{B}_{H_2} = 27\,mol/h$$

Offensichtlich wird für jede Komponente eine weitere Beziehung gegenüber den einfachen Bilanzgleichungen ohne chemische Reaktion benötigt. Diese Bildungsterme sind jedoch nicht unabhängig voneinander. Aus den Werten folgt:

$$\frac{\dot{B}_{C_2H_2}}{\dot{B}_{C_2H_2}} = \frac{9}{9} = 1$$

6.1 Molekülbilanzen bei chemischer Reaktion

$$\frac{\dot{B}_{CH_4}}{\dot{B}_{C_2H_2}} = \frac{-18}{9} = -2$$

und

$$\frac{\dot{B}_{H_2}}{\dot{B}_{C_2H_2}} = \frac{27}{9} = 3$$

Diese Verhältnisse entsprechen wiederum offensichtlich den stöchiometrischen Faktoren der Reaktionsgleichung.

$$v_{CH_4} = -2$$
$$v_{C_2H_2} = 1$$
$$v_{H_2} = 3$$

$$\frac{\dot{B}_{CH_4}}{v_{CH_4}} = \frac{-18}{-2} = \frac{\dot{B}_{C_2H_2}}{v_{C_2H_2}} = \frac{9}{1} = \frac{\dot{B}_{H_2}}{v_{H_2}} = \frac{27}{3} = 9 \text{ mol/h}$$

Man kann aus den obigen Berechnungen folgern, daß die Kenntnis der Bildungsmenge einer Spezies dazu ausreicht, mit Hilfe der Stöchiometrie der Reaktionsgleichung die anderen Bildungsmengen zu berechnen. Die Gleichungen der Stoffbilanzierung erhalten somit eine zusätzliche Variable, die Bildungsmenge eines ausgewählten Stoffes.

Da von vornherein keine Spezies als Basis ausgezeichnet ist, ist es sinnvoll, nach einer Standardisierung zu suchen. Diese wird erzielt, indem man die Bildungsmengen durch den dazugehörigen stöchiometrischen Faktor dividiert. Dieses gemeinsame Maß der Umsätze nennt man die Bildungszahl b.

$$b = \frac{\dot{B}_i}{v_i} \tag{6.3}$$

Somit läßt sich jede Molbilanz aufstellen zu

$$\dot{n}_{i,\text{Aus}} - \dot{n}_{i,\text{Ein}} = b \cdot v_i \tag{6.4}$$

Die Massenbilanz lautet dann mit der Molmasse

$$\dot{m}_{i,\text{Aus}} - \dot{m}_{i,\text{Ein}} = b \cdot v_i \cdot M_i \tag{6.5}$$

Aus dieser allgemeinen Form ist ersichtlich, daß bei der Anwesenheit einer chemischen Reaktion nur eine weitere unbekannte Variable eingeführt werden muß, die Bildungszahl b. Sie hat die Dimension mol/h und stellt quasi einen zusätzlich auftretenden Strom dar.

Beispiel 6.2: Lichtbogenpyrolyse

Es gelten die Angaben von Beispiel 6.1. Es werden also 40 mol/h CH_4 dem Reaktor zugeführt. Die Reaktionsgleichung lautet

2CH$_4$ ⇔ C$_2$H$_2$ + 3H$_2$.

Wenn 22 mol CH$_4$/h den Reaktor verlassen, wie groß sind dann die anderen Austrittsströme?

Lösung:

Die stöchiometrischen Faktoren lauten:

$\nu_{CH_4} = -2$ $\qquad\qquad \nu_{C_2H_2} = 1$ $\qquad\qquad \nu_{H_2} = 3$

Die Molbilanzen lauten:

$\dot{n}_{Aus, CH_4} - \dot{n}_{Ein, CH_4} \quad = -2 \cdot b;\qquad\qquad 22 - 40 = -2b$

$\dot{n}_{Aus, C_2H_2} - \dot{n}_{Ein, C_2H_2} \quad = 1 \cdot b;$

$\dot{n}_{Aus, H_2} - \dot{n}_{Aus, H_2} \quad = 3 \cdot b;$

Aus der ersten Bilanz erhält man:

$b = 9$

Somit ergibt sich

$\dot{n}_{Aus, C_2H_2} = 9$ mol/h

$\dot{n}_{Aus, H_2} = 27$ mol/h

Aus dem Beispiel sieht man, daß die Bildungszahl zwar von der Spezies unabhängig ist, aber nicht von den stöchiometrischen Faktoren. Man könnte die Reaktionsgleichung auch wie folgt anschreiben:

CH$_4$ ⇔ 1/2 C$_2$H$_4$ + 3/2 H$_2$

Bei der Berechnung erhält man dann

$b = 18$

Die Austrittsströme sind jedoch wiederum gleich wie bei der ersten Durchrechnung.
   Wie groß b in einem Prozeß wird, hängt von den im Reaktor herrschenden Bedingungen ab. Für die Aufgabe der Anlagenbilanzierung jedoch ist b entweder gefordert, gegeben, oder läßt sich aus einer gegebenen Bilanzgleichung berechnen.

Beispiel 6.3: Herstellung von Ammoniak-Einsatzgas

Das stöchiometrische H$_2$-N$_2$-Gemisch (75 % H$_2$, 25 % N$_2$) für die Herstellung von Ammoniak wird durch Mischen eines Gasstromes von 78 % N$_2$, 20 % CO, 2 % CO$_2$ und dem sogenannten Wassergas (50 % H$_2$, 50 % CO) erzeugt. CO, das

6.1 Molekülbilanzen bei chemischer Reaktion

als Katalysatorgift wirkt, wird entfernt, indem man das Gasgemisch mit Wasserdampf reagieren läßt. Es entsteht dabei CO_2 und Wasserstoff durch die Reaktion

$$CO + H_2O \Leftrightarrow CO_2 + H_2$$

Das CO_2 wird anschließend ausgewaschen. Unter der Annahme, daß Dampf in minimal erforderlicher Menge zugegeben wird, ist das Verhältnis der beiden Gasströme im Einsatz zu bestimmen.

Lösung:

Das Fließbild des Vefahrens ist aus Abb. 6.1 ersichtlich. Das Verfahren beinhaltet neun Variable und den Umsatz der Reaktion als Unbekannte. Das System weist fünf Substanzen auf, die vier an der Reaktion teilnehmenden Stoffe und N_2; es gibt somit fünf Bilanzen. Vier unabhängige Zusammensetzungen sind gegeben und nach Wahl einer Basis verbleiben $9 + 1 - 5 - 4 - 1 = 0$ Freiheitsgrade.

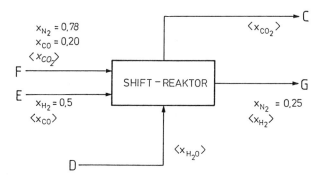

Abb. 6.1: Fließbild zum Beispiel Ammoniak-Einsatzgas

Stromvariable	9	
Bildungszahl	1	
Bilanzen	5	
geg. Zusammensetzungen	4	
Basis	1	
	10	–10
Freiheitsgrade		0

Das Problem ist korrekt spezifiziert. Die Angabe, daß das CO vollständig umgesetzt wird, ergibt, daß kein CO in den Produktströmen ist und ist somit als weitere Angabe nicht mehr unabhängig.

Die stöchiometrischen Faktoren lauten:

$v_{N_2} = 0$, $\quad v_{CO} = -1$, $\quad v_{H_2O} = -1$, $\quad v_{CO_2} = +1$, $\quad v_{H_2} = +1$

Die Gleichungen lauten (ΣAus $- \Sigma$Ein $= \pm \dot{B}$ für jede Mülekülart).

N_2 : $\quad G \cdot 0{,}25 - F \cdot 0{,}78 \quad = 0$

CO : $\quad 0 - F \cdot 0{,}2 - E \cdot 0{,}5 \; = -b$

CO_2: $\quad C - F \cdot 0{,}02 \quad\quad\quad = b$

H_2O: $\quad 0 - D \quad\quad\quad\quad\quad = -b$

H_2 : $\quad G \cdot 0{,}75 - E \cdot 0{,}5 \quad = b$

Wählt man F = 100 mol/h, erhält man G = 312 mol/h. Aus der CO- und der H_2-Bilanz erhält man

E = 214 mol/h

und

b = 127 mol/h.

Die anderen Werte errechnen sich zu

D = 127 mol/h $\quad\quad$ und $\quad$ C = 129 mol/h.

b wird nur für Zwischenrechnungen verwendet und steht nicht im Ergebnis.

6.1.1 Zusammengesetzte Systeme mit einzelnen Reaktionen

Natürlich läßt sich die vorhergehende Analyse auch auf zusammengesetzte Systeme übertragen. Wiederum lassen sich Bilanzen um das System und um einzelne Verfahrensstufen legen. Ist jedoch eine der Units ein Reaktor, muß das gesamte System als Reaktor angesehen werden. Die Bildung muß berücksichtigt werden, wie auch die Stöchiometrie Eingang finden muß.

Wird dabei eine Reaktion in verschiedenen Bilanzgebieten verwendet – z.B. in Reaktorbilanz und Systembilanz –, kann man den Wert von b übernehmen, wie im folgenden Beispiel auch gezeigt wird.

Beispiel 6.4: Herstellung von Methyljodid

In einer Technikumsanlage, die der Erprobung eines Verfahrens zur Herstellung von Methyljodid dient, soll soviel Jodwasserstoff aufgearbeitet werden, daß die Aufarbeitung bei einem Durchsatz von 2000 kg/d ausgelastet ist.

6.1 Molekülbilanzen bei chemischer Reaktion

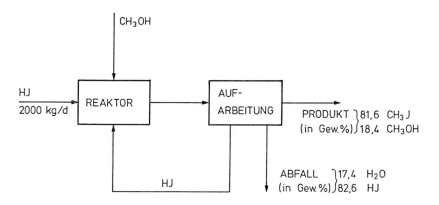

Abb. 6.2: Blockfließbild zur Methyljodidanlage

Im Reaktor läuft folgende Reaktion mit 40 % Umsatz ab:

HJ + CH3OH ⇔ CH3J + H2O

Das Produktgemisch wird in einem Aufarbeitungsteil getrennt, wobei ein Produkt (18,4 Gew% Methanol und 81,6 % Methyljodid) ein Abfallgemisch mit dem Reaktionswasser (17,4 Gew% H2O, 82,6 Gew% HJ) und HJ, das wieder frisch eingesetzt wird (Recycle), entsteht.

Berechnen Sie
a) die benötigte Methanolmenge und
b) den HJ-Rückstrom.

Lösung:

1.
In das Fließbild werden die Strombezeichnungen und Konzentrationsmaße eingetragen (Abb. 6.3).

2.
Vorerst werden Bilanzgrenzen um jede Unit (Mischer, Reaktor und Aufarbeitung), sowie um das System gelegt.

3.
Alle Angaben liegen in Gew% vor; eine Bilanzierung ist auch beim Auftreten von chemischen Reaktionen mit Massen möglich.

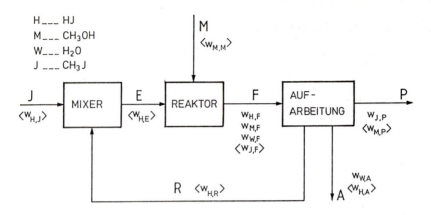

Abb. 6.3: Berechnungsfließbild zur Methyljodidanlage

4.
Die Bezugsbasis kann bis zur Analyse der Freiheitsgrade offen gelassen werden.

5.
Bevor die Berechnungsgleichungen aufgestellt werden, wird die Analyse der Freiheitsgrade durchgeführt. Die Basis wird so gelegt, daß mit der Bilanzierung (hier mit den Anlagenbilanzen) begonnen werden kann. Wegen des Auftretens einer Reaktion im System ist auch die Anlage als Reaktor zu betrachten.

	Misch.	Reakt.		Aufarb.	Prozeß		Anlage	
Komponentenströme	3	6		9	12		6	
Reaktionen	–	1		–	1		1	
Bilanzen	1	4		4	9		4	
geg. Konzentrationen	–	–		2	2		2	
Umsatz (40 %)	–	1		–	1		–	
Freiheitsgrade	1	5	–1	6	12	–12	6	–6
			–5					
	2	2		3	1		1	
Basis (J = 100)	–1	–		–	–1		–1	
Freiheitsgrade	1	2		3	0		0	

Die Anlagenbilanzen sind also selbst ohne Berücksichtigung des Umsatzes aus den vorhandenen Angaben lösbar, da die Basis so gelegt wurde, daß sie diese Bilanzlinie schneidet. Wäre die Basis – wie von der Angabe vorgesehen – bei F = 2000 kg/d belassen worden, wäre kein Teil selbständig bilanzierbar gewesen.

Die Reaktionsgleichung lautet:

6.1 Molekülbilanzen bei chemischer Reaktion

$HJ + CH_3OH \Leftrightarrow CH_3J + H_2O$

Die stöchiometrischen Faktoren lauten somit:

Substanz	Code	v	Molmasse
HJ	H	−1	128
CH_3OH	M	−1	32
CH_3J	J	+1	142
H_2O	W	+1	18

Da alle Angaben in Gew% vorliegen, erfolgt die Bilanzierung nach Gleichung 6.5 unter Einbeziehung der Molmassen. Die Basis wurde für den Strom J mit 100 kg/h gewählt.

$J = 100$ kg/h

Bilanzen: $\sum Aus - \sum Ein = \pm$ Bildungszahl · Molmasse · stöch. Faktor

CH_3J: $P \cdot 0{,}816 = b \cdot 142$

CH_3OH: $P \cdot 0{,}184 - M = -b \cdot 32$

HJ: $A \cdot 0{,}826 - 100 = -b \cdot 128$

H_2O: $A \cdot 0{,}174 = b \cdot 18$

Ergebnis: $A = 48{,}465$ kg/h (b = 0,468)
$P = 81{,}528$ kg/h
$M = 29{,}993$ kg/h

Die Kontrolle über die Gesamtstoffbilanzen ergibt, da der Massenerhaltungssatz gilt:

$P + A - J - M = 81{,}528 + 48{,}465 - 100 - 29{,}993 = 0$

Jetzt sind für die Reaktorbilanz zwei weitere Größen bekannt (b und M); somit lassen sich hier die Bilanzgleichungen anschreiben und lösen.

Bilanzen:

CH_3J: $F \cdot w_{J,F} = b \cdot 142 = 66{,}527$

CH_3OH: $F \cdot w_{M,F} = 29{,}993 - b \cdot 32 = 15{,}001$

HJ: $F \cdot w_{H,F} = E - b \cdot 128 = E - 59{,}968$

H_2O: $F \cdot w_{W,F} = F(1 - w_{J,F} - w_{M,F} - w_{H,F}) = b \cdot 18 = 8{,}433$

Umsatz: $E \cdot 0{,}4 = b \cdot 128 = 59{,}968$

Da weiterhin nur R gefragt ist, genügt es, aus der Umsatzbeziehung E zu errechnen und dann über die Bilanz am Mischungspunkt R.

$E = 149{,}92$ kg/h

R = E – J = 49,92 kg/h.

Die Komponentenbilanzen und die Reaktorbilanzen werden nur benötigt, wenn die Zusammensetzung des Stromes F gesucht wird. Zur vollständigen Lösung des Problems muß noch der Einsatz von J = 100 kg/h auf F = 2000 kg/d umgerechnet werden.

F = R + A + P = 179,91

Der Multiplikationsfaktor für alle Ströme beträgt somit

2000/179,97 = 11,11.

Es kann durchaus vorkommen, daß es sich bei der Berechnung der Freiheitsgrade der Verfahrensstufen und des Verfahrens wohl erweist, daß insgesamt die Angaben korrekt sind, aber kein Freiheitsgrad der Units oder der äußeren Verfahrensbilanz Null ist. Häufig kann hier durch eine Zusammenfassung mehrerer Units eine Lösung gefunden werden. Ist dies nicht der Fall, muß ein numerischer Algorithmus angewandt werden.

Beispiel 6.5: Herstellung von Tetrachlorkohlenstoff

In einem Reaktor läuft die Reaktion

$CS_2 + 2S_2Cl_2 \Leftrightarrow CCl_4 + 6S$

ab. Pro Stunde werden 1000 kg/h Einsatz mit der Zusammensetzung 95 % S_2Cl_2, 5 % CCl_4 (Mol%) zugeführt.

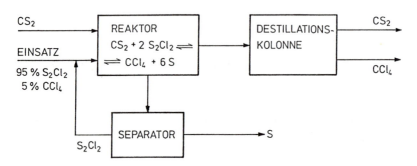

Abb. 6.4: Schema der CCl$_4$-Herstellung

Es ist bekannt, daß nur 90 % des in den Reaktor eintretenden S_2Cl_2 nach obiger Gleichung umgesetzt werden, während die restlichen 10 % rückgeführt werden. Weiters erfolgt der CS$_2$-Zusatz in den Reaktor mit 50 %igem Überschuß (bezogen auf die theoretisch erforderliche CS$_2$-Menge). (Alle Angaben in Mol%.)

Gefragt ist: a) Die den Reaktor verlassende Menge an CCl$_4$
b) Die rückgeführte Menge an S$_2$Cl$_2$
c) Das Mengenverhältnis $\dfrac{CCl_4}{CS_2}$ nach der Kolonne

1.
Wiederum werden im Schema die Bezeichnungen für die Molenbrüche eingetragen, um eine Zählung der Komponentenströme zu erleichtern. Die Ströme erhalten Kurzbezeichnungen.

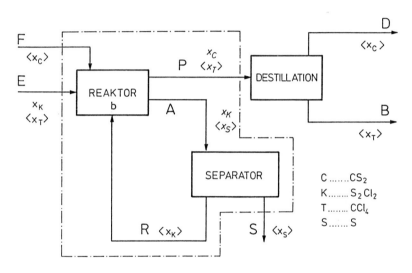

Abb. 6.5:   Berechnungsfließbild zur CCl$_4$-Herstellung

2.
Wie üblich, kann um jede Einheit und um das Verfahren bilanziert werden.

3.
Bedingt durch die Angaben wird auf Mol-Basis gerechnet.

4.
Obwohl die Berechnungsbasis mit E = 1000 kg/h gegeben ist, ist es vorteilhaft, erst nach der Analyse der Freiheitsgrade die endgültige Entscheidung zu treffen.

5.
Analysiert man die Freiheitsgrade, so erkennt man, daß insgesamt das Problem lösbar ist, jedoch keine Einheit einen Ansatzpunkt bietet. Hier hilft es, den Reaktor

mit dem Separator und dem Recycle (R+S) als ein neues Bilanzgebiet zu betrachten (in Abb. 6.5 —·—·—·—).

	Reaktor	Destillation	Separator	Prozeß	Anlage	R + S
Stromvariable	8	4	4	11	6	6
Reaktion	1	–	–	1	1	1
Bilanzen	4	2	2	8	4	4
geg. Konzentrationen	1	–	–	1	1	1
Umsatz	1	–	–	1	–	–
Überschuß	1	–	–	1	–	1
Basis	1	–	–	1	1	1
	8 –8	2 –2	2 –2	12 –12	6 –6	7 –7
Freiheitsgrade	1	2	2	0	1	0

Zur Erlangung einfacher Zahlenwerte wird vorerst die Basis mit E = 1 kmol/h festgelegt; da dies 79,88 kg/h entspricht, sind im Ergebnis alle Mengenströme mit dem Faktor 12,52 zu vervielfachen.

Stöchiometrie: $CS_2 + 2 S_2Cl_2 \Leftrightarrow CCl_4 + 6 S$

Substanz	Code	ν	M
CS_2	C	–1	76
S_2Cl_2	K	–2	134,8
CCl_4	T	1	153,6
S	S	6	32

Bilanzen: Um Reaktor + Separator

CS_2: $P \cdot x_{C,P} - F = -b$

S_2Cl_2: $0 - 0{,}95 = -2b$

CCl_4: $P \cdot (1 - x_{C,P}) - 0{,}05 = b$

S: $S = 6b$

$b = 0{,}475$ kmol/h

$S = 2{,}85$ kmol/h

Überschuß: Stöchiometrisch: 1/2 kmol CS_2 pro kmol S_2Cl_2

50 % Überschuß: $\frac{1{,}5}{2}$ kmol CS_2 pro kmol S_2Cl_2

$F = 0{,}7125$ kmol/h

Summe aus CS_2 und CCl_4-Bilanz:

$P = F - b + 0{,}05 + b$

$P = F + 0{,}05 = 0{,}7625$ kmol/h

6.1 Molekülbilanzen bei chemischer Reaktion

$x_{C,P} = 0,311$

$x_{T,P} = 0,689$

Die Bilanzen um den Reaktor alleine ergeben nun die Konzentrationen und Mengen in den Strömen A und B.

$R = 0,106$ kmol/h $\hat{=} 1,32$ kg/h

$A = 2,956$ kmol/h

$x_{K,A} = 0,036 \quad x_{S,A} = 0,964$

Diese Ergebnisse können über die Massenbilanz geprüft werden.

Ein:			
	$F = 0,7125$ kmol/h	$\hat{=}$	54 kg/h
	$E = 1,0$ kmol/h	$\hat{=}$	136 kg/h
	$R = 0,106$ kmol/h	$\hat{=}$	14 kg/h
$\sum$Ein			= 204 kg/h

Aus:			
	$P = 0,7625$ kmol/h	$\hat{=}$	99 kg/h
	$A = 2,956$ kmol/h	$\hat{=}$	105 kg/h
$\sum$Aus			= 204 kg/h

Die Berechnung von D und B sowie die Umrechnung auf den gegebenen Einsatz ist ab hier einfach und klar.

6.1.2 Systeme mit mehreren Reaktionen

Treten mehrere Reaktionen gleichzeitig (parallel) und/oder hintereinander auf, lassen sich diese gleich behandeln, wie dies bisher bei Einzelreaktionen geschah. Für jede eigenständige Reaktion ist eine eigene Bildungszahl anzusetzen.

Beispiel 6.6: Schwefelsäureherstellung

Bei der Herstellung von Schwefelsäure im Kontaktverfahren wird Schwefelkies in Luft „geröstet", wobei das Eisen zu Fe_2O_3 oxidiert wird. Das gebildete Schwefeldioxid wird weiter zu Schwefeltrioxid umgesetzt, indem es mit Luft gemischt über einen Platinkatalysator geleitet wird. Es wird ein 40 %iger Sauerstoffüberschuß im Röstofen angenommen. (Bezogen auf die theoretisch notwendige Sauerstoffmenge, um den gesamten Pyrit zu Trioxid und Fe_2O_3 zu oxydieren.) 15 % des Schwefelkieses (FeS_2) fallen durch den Rost und werden demnach nicht umgesetzt. Im Röstofen werden 40 % des Schwefeldioxides bereits zum Trioxid umgesetzt. 96 % des den Röstofen verlassenden Schwefeldioxides werden am Platinkatalysator zu Trioxid umgesetzt.

Zu berechnen ist:
a) Erforderliche Luftmenge um 100 kg Pyrit (FeS$_2$)/h Einsatz zu rösten (in Nm^3).
b) Die gesamte Menge an gebildetem Schwefeldioxid aus 100 kg Pyrit.
c) Gesamtumsetzungsgrad des Schwefels zu Schwefeltrioxid.
d) Alle Zusammensetzungen in Gewichtsprozent.

Lösung:

Die Lösung erfolgt in Stufen, wie in Kap. 4 vorgezeichnet.

1.
Das Fließbild ist in Abb. 6.6 dargestellt. Es handelt sich hier um ein zweistufiges Verfahren, wobei in jedem Verfahrensschritt Reaktionen auftreten.

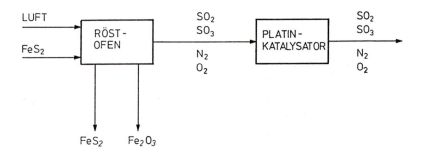

Abb. 6.6: Blockfließbild des Schwefelsäureprozesses

Die Reaktionsgleichungen lauten:

$$FeS_2 + \frac{11}{4} O_2 \Rightarrow \frac{1}{2} Fe_2O_3 + SO_2$$

$$2 SO_2 + O_2 \Rightarrow 2 SO_3$$

$$(FeS_2 + \frac{15}{4} O_2 \Rightarrow \frac{1}{2} Fe_2O_3 + 2 SO_3)$$

Die Reaktionsgleichungen könnten auch als ganzzahlige Vielfache bzw. Brüche der obigen Versionen angeschrieben werden.

2.
Obwohl alle Mengen in kg/h gegeben und die Zusammensetzungen in Gew% gesucht sind, wird wegen dem Auftreten chemischer Reaktionen als Basiseinheit kmol gewählt. Bei einer Berechnung mit Massenbilanzen wäre der Bildungsterm mit der Molmasse anzusetzen.

6.1 Molekülbilanzen bei chemischer Reaktion

3.
Die Basismenge beträgt 100 kg FeS$_2$/h im Einsatz; es ist jedoch vorteilhaft mit 1 kmol/h zu rechnen und die Ergebnisse umzulegen.

4.
Vor der Aufstellung der Berechnungsgleichungen erfolgt die Analyse der Freiheitsgrade.

	Röstofen	Katalysator	Prozeß	Anlage
Komponentenströme	9	8	13	9
Reaktionen	2	1	3	2
Bilanzen	6	4	10	6
geg. Konzentrationen	1	–	1	1
zus. Bedingungen:				
O$_2$-Überschuß	1	–	1	1
Rostverlust	1	–	1	1
SO$_2$/SO$_3$ Ofen	1	–	1	–
SO$_2$/SO$_3$ Katalysator	–	1	1	–
Basis	1	–	1	1
	11 –11	5 –5	16 –16	10 –10
Freiheitsgrade	0	4	0	1

Im Röstofen treten zwei Reaktionen auf, im Katalysator nur mehr eine dieser beiden; insgesamt sind somit im Prozeß drei Reaktionen zu berücksichtigen. Für die Anlage gibt es jedoch nur zwei verschiedene Reaktionsgleichungen!

Offensichtlich ist das System korrekt bestimmt, und die Bilanzen um den Röstofen sind lösbar.

Röstofen

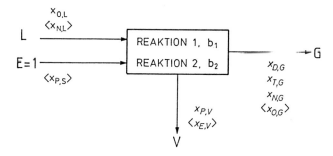

Abb. 6.7: Berechnungsfließbild des Subsystems Röstofen

Die stöchiometrischen Faktoren lauten:

Substanz:	Code	Reaktion 1	Reaktion 2
FeS_2	P	$v_{P,1} = -1$	$v_{P,2} = 0$
O_2	O	$v_{O,1} = 11/4$	$v_{O,2} = -1$
N_2	N	$v_{N,1} = 0$	$v_{N,2} = 0$
Fe_2O_3	E	$v_{E,1} = 1/2$	$v_{E,2} = 0$
SO_2	D	$v_{D,1} = 2$	$v_{D,2} = -2$
SO_3	T	$v_{T,1} = 0$	$v_{T,2} = 2$

Bilanzen:
Die Bilanzgleichungen lauten (Aus – Ein = Bildung).

FeS_2 $\qquad V \cdot x_{P,V} - 1 = -b_1$

O_2 $\qquad G \cdot x_{O,G} - L \cdot 0{,}21 = -\dfrac{11}{4} b_1 - b_2$

N_2 $\qquad G \, x_{N,G} - L \, (1 - 0{,}21) = 0$

Fe_2O_3 $\qquad V \, (1 - x_{P,V}) = \dfrac{b_1}{2}$

SO_2 $\qquad G \cdot x_{D,G} = 2 b_1 - 2 b_2$

SO_3 $\qquad G \, (1 - x_{D,G} - x_{O,G} - x_{N,G}) = 2 b_2$

O_2-Überschuß:
Die theoretische Sauerstoffmenge, um den gesamten Schwefel zu SO_3 zu oxydieren, beträgt 15/4 O_2 pro 1 S_2, und somit bei 40 % Luftüberschuß 15/4 · 1,4 O_2 pro 1 S_2:

$L \cdot x_{O,L} = 15 \cdot 1{,}4/4$

$L \cdot 0{,}21 = 5{,}25$

$L = 25$ kmol/h

Röstverluste:
Da 15 % des FeS_2 durch den Rost fallen, erhält man

$V \cdot x_{P,V} = 0{,}15 \cdot 1$

SO_2-Umsatz im Ofen: (40 % des entstehenden SO_2 reagieren weiter)

$2 \cdot b_2 = 0{,}4 \cdot 2 \cdot b_1$

6.1 Molekülbilanzen bei chemischer Reaktion

Lösung:

Aus den Röstverlusten und der Pyritbilanz erhält man

$0{,}15 = 1 - b_1$

$b_1 = 0{,}85$ kmol/h

Aus dem SO_2-Umsatz:

$b_2 = 0{,}34$ kmol/h

Pyrit und Fe_2O_3-Bilanz ergeben:

$V \cdot x_{P,V} = 0{,}15$

$V - V \cdot x_{P,V} = 0{,}425$

$V = 0{,}575$ kmol/h

$x_{P,V} = 0{,}261$ und $x_{E,V} = 0{,}739$

Die Ergebnisse in Tabellenform:

Komponenten		Code	Ströme in kmol/h			
			L	E	V	G
FeS_2	%	P	–	1,0	0,261	–
O_2	%	O	0,21	–	–	0,107
N_2	%	N	0,79	–	–	0,822
Fe_2O_3	%	E	–	–	0,739	–
SO_2	%	D	–	–	–	0,042
SO_3	%	T	–	–	–	0,028
kmol/h			25	1	0,575	24,023

Katalysator:

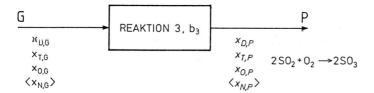

Abb. 6.8: Berechnungsfließbild des Subsystems Katalysator

Die stöchiometrischen Faktoren sind die der Reaktion 2. Es lassen sich somit folgende Bilanzgleichungen aufstellen:

SO$_2$: $P \cdot x_{D,P} - G \cdot x_{D,G} = -2\,b_3$

SO$_3$: $P \cdot x_{T,P} - G \cdot x_{T,G} = 2\,b_3$

O$_2$: $P \cdot x_{O,P} - G \cdot x_{O,G} = -b_3$

N$_2$: $P\,(1 - x_{D,P} - x_{T,P} - x_{O,P}) - G\,(1 - x_{D,G} - x_{T,G} - x_{O,G}) = 0$

Umsatz: 96 % des SO$_2$ werden umgesetzt ($G \cdot x_{D,G} \cdot 0{,}96 = 2b_3$)

$$b_3 = \frac{0{,}96 \cdot 0{,}042 \cdot 24{,}023}{2} = 0{,}490$$

Die Addition der vier Bilanzgleichungen ergibt mit G = 24,023:

$P = 24{,}023 - 2\,b_3 + 2\,b_3 - b_3$

$P = 23{,}533$

Damit erhält man:

$x_{D,P} = 0{,}0017$

$x_{T,P} = 0{,}0705$

$x_{O,P} = 0{,}0885$

$x_{N,P} = 0{,}8393$

Die Zusammensetzungen in Gew%, wie in der Angabe verlangt, erhält man analog Beispiel 2.7 über die Molekulargewichte.

Da die Basis bisher mit 1 kmol/h FeS$_2$ angenommen wurde (entspricht 120 kg/h), sind alle erhaltenen Mengenströme durch 1,2 zu dividieren, um auf die geforderten Bilanzen mit 100 kg/h Einsatz zu kommen.

6.1.3 Die lineare Abhängigkeit von Reaktionsgleichungen

Treten in einem Verfahren mehrere Reaktionen auf, erhebt sich die Frage, ob sie alle voneinander unabhängig sind oder ob sich – wie bei den Bilanzen und Stromvariablen – abhängige Beziehungen ergeben können.

Beispiel 6.7: Pyritröstung

Man nehme wiederum die Angabe von Beispiel 6.6, mit der Ausnahme, daß folgende Reaktionen gegeben sind:

6.1 Molekülbilanzen bei chemischer Reaktion

Im Reaktor:
$$FeS_2 + \frac{11}{4} O_2 \Rightarrow \frac{1}{2} Fe_2O_3 + 2 SO_2$$

$$FeS_2 + \frac{15}{4} O_2 \Rightarrow \frac{1}{2} Fe_2O_3 + 2 SO_3$$

Im Katalysator:
$$2 SO_2 + O_2 \Rightarrow 2 SO_3$$

Lösung:

Im Gegensatz zu vorhin gibt es also im System drei Reaktionen. In diesem Falle ist es offensichtlich, daß die zweite Reaktion die Summe der ersten und der dritten darstellt. Dies kann durch einen geeigneten Algorithmus der Lösung des Gleichungssystems mathematisch bewiesen werden.

Hierzu stellt man eine Determinante der stöchiometrischen Faktoren auf (Codes, wie in Beispiel 6.6).

	P	O	N	E	D	T
1	–1	–11/4	0	1/2	2	0
2	–1	–15/4	0	1/2	0	2
3	0	–1	0	0	–2	2

$$\begin{bmatrix} -1 & -11/4 & 0 & 1/2 & 2 & 0 \\ 0 & -1 & 0 & 0 & -2 & 2 \\ 0 & -1 & 0 & 0 & -2 & 2 \end{bmatrix}$$

Man beginnt nun die Elemente unter der Hauptdiagonale Null zu setzen; für die erste Spalte geschieht dies durch Subtraktion der ersten Zeile von der zweiten.

$$\begin{bmatrix} -1 & -11/4 & 0 & 1/2 & 2 & 0 \\ 0 & -1 & 0 & 0 & -2 & 2 \\ 0 & 0 & 0 & 0 & 0 & 0 \end{bmatrix}$$

Das zweite Element der dritten Zeile wird Null, indem die zweite von der dritten Zeile subtrahiert wird.

Aus der Tatsache, daß alle Elemente der dritten Zeile Null werden, ersieht man, daß diese Reaktion von den beiden anderen linear abhängt; diese galt es zu beweisen. Für die Bilanzen um die Anlage in obigem Beispiel dürfen somit nur zwei Reaktionen angenommen werden.

Beispiel 6.8: Synthesegasherstellung

Die folgenden Reaktionen treten auf, wenn Synthesegas zur Methanolherstellung aus Methan und Dampf hergestellt wird.

$$CH_4 + 2\,H_2O \Rightarrow CO_2 + 4\,H_2$$

$$CH_4 + CO_2 \Rightarrow 2\,CO + 2\,H_2$$

$$CO + H_2O \Rightarrow CO_2 + H_2$$

$$CH_4 + H_2O \Rightarrow CO + 3\,H_2$$

Wieviele Reaktionen sind unabhängig voneinander?

Lösung:

Wiederum wird eine Matrix der stöchiometrischen Faktoren aufgestellt.

	CH_4	H_2O	CO_2	H_2	CO
Reaktion 1	–1	–2	1	4	0
Reaktion 2	–1	0	–1	2	2
Reaktion 3	0	–1	1	1	–1
Reaktion 4	–1	–1	0	3	1

Um eine etwaige lineare Abhängigkeit zu finden, wird das System reduziert.

1. Schritt: 2. bis 4. Element der ersten Spalte zu Null

$$\begin{bmatrix} -1 & -2 & 1 & 4 & 0 \\ 0 & 2 & -2 & -2 & 2 \\ 0 & -1 & 1 & 1 & -1 \\ 0 & 1 & -1 & -1 & 1 \end{bmatrix}$$

2. Schritt: 3. und 4. Element der zweiten Spalte zu Null

$$\begin{bmatrix} -1 & -2 & 1 & 4 & 0 \\ 0 & 2 & -2 & -2 & 2 \\ 0 & 0 & 0 & 0 & 0 \\ 0 & 0 & 0 & 0 & 0 \end{bmatrix}$$

Offensichtlich sind nur zwei Reaktionen voneinander unabhängig. Entsprechend sind nur zwei Bildungszahlen berechenbar und nur zwei Umsatzangaben widerspruchsfrei verwendbar.

6.1 Molekülbilanzen bei chemischer Reaktion

Beispiel 6.9: Dehydrierung von Butan

1,3-Butadien wird durch Dehydrierung von Butan hergestellt, und zwar nach folgendem Fließschema:

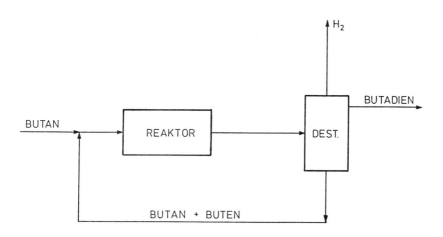

Abb. 6.9: Blockfließbild der Butan-Dehydrierung

Bei der Dehydrierung im Reaktor entsteht neben Butadien und Wasserstoff auch noch 2-Buten durch die Reaktionen

$C_4H_{10} \Rightarrow C_4H_6 + 2\,H_2$

$C_4H_{10} \Rightarrow C_4H_8 + H_2$

Buten wird destillativ von Wasserstoff und Butadien abgetrennt und zwecks weiterer Dehydrierung mit dem nicht umgesetzten Butan wieder dem Reaktor zugeführt. Hier wird es entsprechend der Reaktion

$C_4H_8 \Rightarrow C_4H_6 + H_2$

weiter dehydriert.

Nach dem Reaktor wurden in einer Analyse 18 Mol% Butadien und 31 Mol% Buten festgestellt.

Berechnen Sie die Ströme und ihre Zusammensetzungen, wenn stündlich 100 kmol reines Butan eingesetzt werden.

Lösung:

Es treten drei verschiedene Reaktionen auf, für die zu prüfen ist, ob sie unabhängig voneinander sind. Hierzu wird die Matrix der stöchiometrischen Faktoren aufgestellt.

Substanz	C$_4$H$_{10}$	C$_3$H$_8$	C$_3$H$_6$	H$_2$
Code	B	E	I	H
Reaktion 1	−1	0	1	2
Reaktion 2	−1	1	0	1
Reaktion 3	0	−1	1	1

Die Reduktion der Matrix ergibt

$$\begin{bmatrix} -1 & 0 & 1 & 2 \\ 0 & 1 & -1 & -1 \\ 0 & 0 & 0 & 0 \end{bmatrix}$$

woraus offensichtlich ist, daß eine Gleichung weggelassen werden muß.

Zur weiteren Berechnung wird das Fließbild umgezeichnet und neu beschriftet.

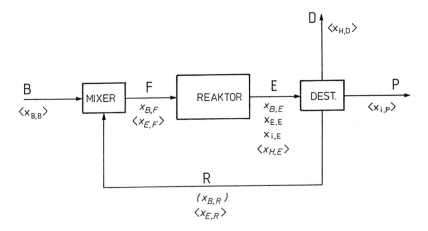

Abb. 6.10: Berechnungsfließbild für die Dehydrierung von Butan

Bei der Analyse der Freiheitsgrade ist zu berücksichtigen, daß für die Anlagenbilanz nur eine Reaktion existiert (Butan zu Butadien).

	Mischer	Reaktor	Destillator	Prozeß	Anlage
Stromvariable	5	6	8	11	3
Reaktion	−	2	−	2	1
Bilanzen	2	4	4	10	3
geg. Konzentrationen	−	2	2	2	−
Basis	1	−	−	1	1
Freiheitsgrade	3 −3 2	6 −6 2	6 −6 2	13 −13 0	4 −4 0

6.1 Molekülbilanzen bei chemischer Reaktion

Das Verfahren ist bestimmt und die Anlagenbilanzen sind lösbar. Hierzu wird der Einsatzstrom B mit 100 kmol/h angesetzt.

Butadien: $\quad P = b_1$

Wasserstoff: $\quad D = 2b_1$

Butan: $\quad -100 = -b_1$

Ergibt: $\quad P = 100$ kmol/h, $\quad b_1 = 100$ kmol/h, $\quad D = 200$ kmol/h
$\qquad\quad B = 100$ kmol/h

Durch die Bestimmung zweier weiterer Mengen P und D reduzieren sich die Freiheitsgrade der Destillation auf Null. Die weitere Berechnung setzt somit hier an:

Butan: $\quad R \cdot x_{B,R} = E \cdot x_{B,E}$

Buten: $\quad R \cdot x_{E,R} = E \cdot 0,31$

Butadien: $\quad 100 = E \cdot 0,18$

Wasserstoff: $\quad 200 = E \cdot (0,51 - x_{B,E})$

Ergibt: $\quad E = 555,6$ kmol/h $\qquad x_{B,E} = 0,15 \qquad x_{E,R} = 0,67$
$\qquad\quad R = 255,6$ kmol/h $\qquad x_{H,E} = 0,36 \qquad x_{B,R} = 0,33$

Die Konzentrationen in F ergeben sich über die Reaktorbilanz oder einfacher über den Mischpunkt.

6.1.4 Folgereaktionen

Treten in einem Reaktor oder im Laufe eines Prozesses Abfolgen von Reaktionen ein, so sind die Reaktionsgleichungen für die Anlagenbilanzen so umzuformen, daß die Zwischenprodukte nicht mehr enthalten sind. Entsprechend ist nur die Summenreaktion als Variable anzusetzen.

Beispiel 6.10: Salpetersäure aus Ammoniak

Salpetersäure wird durch die Verbrennung von NH_3 erzeugt. Bei 700 °C läuft folgende Reaktion ab:

$\quad 4\, NH_3 + 5\, O_2 \quad \Rightarrow \quad 6\, H_2O + 4\, NO$

Im folgenden Kühlturm laufen die Reaktionen

2 NO + O₂ ⇒ 2 NO₂

3 NO₂ + H₂O ⇒ 2 HNO₃ + NO

ab.

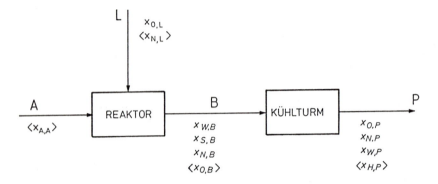

Abb. 6.11: Berechnungsfließbild der Salpetersäureherstellung

Das in der letzten Stufe erneut freigesetzte NO reagiert nach der vorletzten Gleichung zu NO₂ und dann weiter zu HNO₃.
 Die Luft sei in 20 % Überschuß, bezogen auf die vollständige Oxydation des NH₃ zu HNO₃ und H₂O, vorhanden ($\lambda = 1{,}2$).

Lösung:

Das Verfahren ist ein zusammengesetztes System aus zwei Grundeinheiten, dem Reaktor und dem Kühlturm (Abb. 6.11).

Stöchiometrische Faktoren der drei Reaktionen:

Substanz	Code	R1	R2	R3
NH₃	A	−4	0	0
O₂	O	−5	−1	0
N₂	N	0	0	0
H₂O	W	6	0	−1
NO	S	4	−2	1
NO₂	D	0	2	−3
HNO₃	H	0	0	2

6.1 Molekülbilanzen bei chemischer Reaktion

Zur Überprüfung der Vollständigkeit der Angaben sowie zur Festlegung des Lösungsweges, werden die Freiheitsgrade analysiert, wobei auf Grund der Tatsache, daß alle Reaktionen Folgereaktionen sind, nur eine Reaktion für die Anlage gezählt werden darf.

	Reaktor		Kühlturm		Gesamt		Anlage	
Stromvariable	7		8		11		7	
Reaktionen	1		2		3		1	
Bilanzen	5		5		11		5	
geg. Konzentrationen	1		–		1		1	
Luftüberschuß	–		–		1		1	
	6	–6	5	–5	13	–13	7	–7
Freiheitsgrade	2		5		1		1	
Basis	?		?		1		1	
Freiheitsgrade					0		0	

Die Basis kann irgendwo in der Anlagenbilanz angenommen werden, um dort die Freiheitsgrade auf Null zu reduzieren.

Die Reaktionsgleichungen sind nun so zu addieren, daß NO und NO_2 für die Verwendung in der Systembilanz nicht mehr auftreten. Hierzu wird eine Matrix der stöchiometrischen Faktoren aufgestellt.

	A	O	N	W	H	S	D
Reaktion 1	–4	–5	0	6	0	4	0
Reaktion 2	0	–1	0	0	0	–2	2
Reaktion 3	0	0	0	–1	2	1	–3

Zwei der Reaktionen sind nun mit solchen Faktoren (a, b) zu multiplizieren, daß die Spaltensumme für NO (S) und NO_2 (D) Null ergibt.

NO: $4 - 2x + y = 0$

NO_2: $0 + 2x - 3y = 0$

$y = 2$

$x = 3$

Die neue Reaktionsgleichung lautet nun

```
–4  –5   0   6   0   4   0
 0  –3   0   0   0  –6   6
 0   0   0  –2   4   2  –6
─────────────────────────────
–4  –8   0   4   4   0   0
```
$NH_3 + 2\, O_2 = H_2O + HNO_3$

Es lassen sich nun die Systembilanzen erstellen (Basis P = 1)

NH_3	$0 - A$	$= -b$
O_2	$x_{O,P} - L \cdot 0{,}21$	$= -2b$
N_2	$x_{N,P} - L \cdot 0{,}79$	$= 0$
NHO_3	$x_{H,P}$	$= b$
H_2O	$x_{W,P}$	$= b$
λ	$L \cdot 0{,}21 - 2 \cdot 1{,}2 \cdot A$	$= 0$
	$x_{O,P} + x_{N,P} + x_{H,P} + x_{W,P}$	$= 1$

$O_2 + N_2 + HNO_3 + H_2O$:
$$1 = L - 2b + b + b \rightarrow L = 1$$
$$A = 0{,}21/(2 \cdot 1{,}2) \rightarrow A = 0{,}0875$$
$$b = A \rightarrow b = 0{,}0875$$

$x_{O,P} = 0{,}0350$

$x_{N,P} = 0{,}79$

$x_{H,P} = 0{,}0875$

$x_{W,P} = 0{,}0875$

Bilanzen um den Reaktor:

NH_3:	$0 - 0{,}0875$	$= -4 \cdot b_1$
O_2:	$B \cdot x_{O,B} - 1 \cdot 0{,}21$	$= 5 \cdot b_1$
N_2:	$B \cdot x_{N,B} - 1 \cdot 0{,}79$	$= 0$
H_2O:	$B \cdot x_{W,B}$	$= 6 \, b_1$
NO:	$B \cdot x_{S,B}$	$= 4 \cdot b_1$

$b_1 = 0{,}0219$ $x_{O,B} = 0{,}091$

$B = 1{,}109$ $x_{N,B} = 0{,}712$

$x_{W,B} = 0{,}118$

$x_{S,B} = 0{,}079$

Man erkennt, daß für die Reaktionen mit den Zwischenprodukten, die die Anlage nicht verlassen, keine eigene Bilanzierung erforderlich ist.

6.2 Bilanzierung über die Atommengen

Bei der Bilanzierung von Verfahren mit chemischer Reaktion auf Basis von Molekülen mußte man berücksichtigen, daß diese keinem Erhaltungssatz unterliegen. Es war deshalb nötig, die Bildung bzw. das Verschwinden einer gewissen Menge der reagierenden Substanzen in die Berechnungen einzubeziehen. Im Gegensatz

6.2 Bilanzierung über die Atommengen

zur Molzahl bleibt jedoch Masse, und damit Atomzahl, bei chemischen Reaktionsprozessen erhalten.

Es liegt somit nahe, Bilanzen auf Basis der Atome durchzuführen. Es zeigt sich, daß dies besonders dann vorteilhaft ist, wenn die Stöchiometrie entweder sehr komplex ist, oder Substanzen oder Gemische nicht durch Formeln, sondern nur durch Elementaranalysen spezifiziert sind. Da die Masse jedes Atomes durch die chemische Reaktion nicht geändert wird, folgt aus dem Massenerhaltungssatz der Satz der Erhaltung der Atomzahlen; eine Berücksichtigung einer Bildung ist somit bei chemischen Reaktionen nicht erforderlich.

Beispiel 6.11: Dehydrierung von Propan

Propylen, C_3H_6, wird aus Propan, C_3H_8, durch eine katalytische Dehydrierung gewonnen. Bei diesem Vorgang entstehen durch eine Reihe unvermeidbarer Parallelreaktionen auch leichtere Kohlenwasserstoffe, wobei gleichzeitig Kohlenstoff am Katalysator abgelagert wird. Dieser Kohlenstoff vermindert die Aktivität des Katalysators, so daß dieser regelmäßig regeneriert werden muß, indem man ihn abbrennt. Aus Laborversuchen kennt man die Gaszusammensetzung:

mol%	Molekül	Formel	Molekulargewicht
44,5	Propan	C_3H_8	44,09
21,3	Propylen	C_3H_6	42,08
5,3	Äthan	C_2H_6	30,07
0,3	Äthylen	C_2H_4	28,05
2,2	Methan	CH_4	16,04
26,4	Wasserstoff	H_2	2,02

Die Menge an abgelagertem Kohlenstoff konnte nicht gemessen werden. Für einen auf den Durchsatz von 48.000 kg/d (1089 kmol/d) ausgelegten Reaktor soll die Menge an ausgefallenem Kohlenstoff berechnet werden.

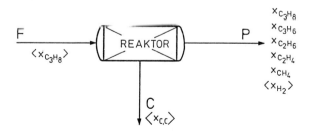

Abb. 6.12: Fließbild der Propan-Dehydrierung

Lösung:

Nur C und H treten als Atomspezies auf. Abb. 6.12 zeigt das Verfahren.
Aus der Bedingung, daß jede Atomspezies erhalten bleibt, können die Ströme errechnet werden.

C: $\sum$Aus $- \sum$Ein $= 0$

H: $\sum$Aus $- \sum$Ein $= 0$

Nimmt man 1089 kmol/d C_3H_8 als Basis, ergibt sich, daß 8·1089 kmol des Atomes H eintreten. Für den Austritt ergibt sich:

Aus $= P \cdot (8 \cdot 0{,}445 + 6 \cdot 0{,}213 + 6 \cdot 0{,}053 + 4 \cdot 0{,}003 + 4 \cdot 0{,}022 + 2 \cdot 0{,}264) = P \cdot 5{,}78$

Aus der Bedingung der Erhaltung der H-Atome erhält man:

$8 \cdot 1089 - P \cdot 5{,}784 = 0$

$P = 1506{,}22$

In gleicher Weise erhält man für die C-Bilanz:

$C + (3 \cdot 0{,}445 + 3 \cdot 0{,}213 + 2 \cdot 0{,}053 + 2 \cdot 0{,}003 + 0{,}022) \cdot 1506{,}22 - 3 \cdot 1089 = 0$

$C = 91{,}88$ kmol/d

Im Verhältnis zur großen Anzahl der aufgetretenen Reaktionen und den hierdurch erforderlichen Umsatzangaben war die Lösung über Atombilanzen überaus einfach. In vielen Fällen ist eine weitere Vereinfachung über die Bilanzierung von Atomgruppen zu erzielen. So hätte in obigem Beispiel die H_2-Gruppe bilanziert werden können.

H_2: $4 \cdot 1089 = P(4 \cdot 0{,}445 + 3 \cdot 0{,}213 + 3 \cdot 0{,}053 + 2 \cdot 0{,}003 + 2 \cdot 0{,}022 + 0{,}264)$
$P = 1506{,}22$

Der Vorteil dieser Methode ist hier noch nicht offensichtlich, kann aber anderswo beträchtlich sein, z.B. wenn eine Sulfatgruppe bei einer Reaktion bestehen bleibt. Hier ist eine SO_4-Bilanz möglich, anstelle von einer O- und einer S-Bilanz, die, wie später noch gezeigt wird, unter Umständen voneinander linear abhängig sind.

Um das Bilanzieren mit Atomen systematisieren zu können, ist es nötig, die „atomaren Koeffizienten" zu definieren. Diese Koeffizienten $\alpha_{a,m}$ geben an, wie oft ein Atom a im Molekül m vorkommt.

Für das vorhergegangene Beispiel der Propandehydrierung erhält man als Atommatrix

	C_3H_8	C_3H_6	C_2H_6	C_2H_4	CH_4	H_2	C
A = [C	3	3	2	2	1	0	1
H	8	6	6	4	4	2	0]

6.2 Bilanzierung über die Atommengen

Die Bilanzgleichungen lauten somit bei M Molekülarten in J Inputströmen und I Outputströmen für jede Atomspezies a (a = 1...A).

$$\sum_{m=1}^{M} \alpha_{a,m} \left(\sum_{i=1}^{I} N_{m,i} - \sum_{j=1}^{J} M_{m,j} \right) = 0$$

Die rechte Seite der Gleichung ist Null, da es für Atome keine Bildung gibt. Da das Atomgewicht jedes Elementes konstant ist, entspricht obige Gleichung dem Massenerhaltungssatz.

6.2.1 Freiheitsgrade bei Atombilanzen

Die Analyse der Freiheitsgrade eines Systems erfolgt gleich, egal ob die Bilanzierung auf Molekülbasis oder Atombasis erfolgt. Da für die Atome keine „Reaktion" auftritt, sind Atombilanzen wie Stoffbilanzen ohne Reaktion zu behandeln. Die Zahl der möglichen Bilanzen entspricht der Zahl der Atome, sofern nicht hier eine lineare Abhängigkeit besteht. Eine solche ist gegeben, wenn zwei oder mehrere Atome in allen auftretenden Substanzen immer im selben Verhältnis zueinander gebunden sind.

Beispiel 6.12: Harnstoffsynthese

Das Düngemittel Harnstoff $(NH_2)_2CO$ wird durch eine Reaktion von Ammoniak mit CO_2 hergestellt. In der vorliegenden Anlage gelangt ein Gemisch aus NH_3 und CO_2 mit 33 % CO_2 in den Reaktor. Das Reaktionsprodukt enthält Harnstoff, Wasser, Ammoniumcarbonat (NH_2COONH_4) und den unreagierten Anteil der eingesetzten Stoffe CO_2 und NH_3 (Abb. 6.13). Zu berechnen sind die Zusammensetzungen, wenn CO_2 zu 99 % umgesetzt wird.

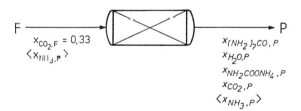

Abb. 6.13: Fließbild der Harnstoffsynthese

Lösung:

Der Prozeß beinhaltet 4 Atome (C, O, N, H) und fünf Moleküle. Hieraus ergibt sich folgende Atommatrix:

$$\begin{array}{c} \\ C \\ O \\ H \\ N \end{array} \begin{array}{c} CO_2 \quad H_2O \quad NH_3 \quad (NH_2)_2CO \quad NH_2COONH_4 \\ \left[\begin{array}{ccccc} 1 & 0 & 0 & 1 & 1 \\ 2 & 1 & 0 & 1 & 2 \\ 0 & 2 & 3 & 4 & 6 \\ 0 & 0 & 1 & 2 & 2 \end{array}\right] \end{array}$$

Um feststellen zu können, ob die vier Atombilanzen unabhängig sind, wird die Matrix reduziert.

$$\left[\begin{array}{ccccc} 1 & 0 & 0 & 1 & 1 \\ 0 & 1 & 0 & -1 & 0 \\ 0 & 2 & 3 & 4 & 6 \\ 0 & 0 & 1 & 2 & 2 \end{array}\right] = \left[\begin{array}{ccccc} 1 & 0 & 0 & 1 & 1 \\ 0 & 1 & 0 & -1 & 0 \\ 0 & 0 & 3 & 6 & 6 \\ 0 & 0 & 1 & 2 & 2 \end{array}\right] = \left[\begin{array}{ccccc} 1 & 0 & 0 & 1 & 1 \\ 0 & 1 & 0 & -1 & 0 \\ 0 & 0 & 3 & 6 & 6 \\ 0 & 0 & 0 & 0 & 0 \end{array}\right]$$

Wird das dritte Element der vierten Zeile Null gesetzt, so fällt die ganze Zeile weg. Es ist also so, daß nur drei Atombilanzen unabhängig sind. Die ersten drei Bilanzen (C, O, H) dürfen angesetzt werden, die N-Bilanz jedoch nicht mehr. Bei der Analyse der Freiheitsgrade ist dies zu berücksichtigen.

	Reaktor
Stromvariablen	7
Bilanzen	3
geg. Konzentrationen	1
Umsatz CO_2	1
Basis	1
	6 −6
Freiheitsgrade	1

Das Problem ist nicht hinreichend spezifiziert.

6.2.2 Zusammengesetzte Systeme

Ist ein Reaktor ein Teil eines zusammengesetzten Systems, ist es auch auf Basis Atombilanzen möglich, die Analyse der Freiheitsgrade durchzuführen. Bei der weiteren Berechnung kann man nach dem Lösen der Reaktorbilanzen auf Molekülbilanzen umsteigen, sofern dies sinnvoll erscheint.

Beispiel 6.13: Verbrennung chlorierter Kohlenwasserstoffe

Bei der Erzeugung von Vinylchlorid fallen stündlich 700 kg Nebenprodukte an, die aus einem Gemisch chlorierter Kohlenwasserstoffe bestehen (73,5 Gew% Cl, 23,0 Gew% C, 3,5 Gew% H). Diese werden zusammen mit 100 kg Hilfsbrennstoff (Butan, C_4H_{10}) in einem Ofen mit 25 % Luftüberschuß verbrannt. Als Verbren-

6.2 Bilanzierung über die Atommengen

nungsprodukte entstehen dabei HCl, CO_2 und H_2O. Die aus dem Ofen austretenden Gase werden mit 20 gew%iger Salzsäure gewaschen, wobei neben der gesamten HCl auch 50 % des bei der Verbrennung entstandenen Wassers aus dem Abgas ausgewaschen werden. Die Wasch-Salzsäure wird dabei auf 30 Gew% aufkonzentriert und anschließend in einem Stripper trockenes HCl-Gas ausgetrieben, so daß wieder 20 %ige Salzsäure gebildet wird. Diese wird teilweise wieder zur Waschung des HCl-hältigen Verbrennungsgases verwendet, der Überschuß an 20 %iger Salzsäure wird verworfen.

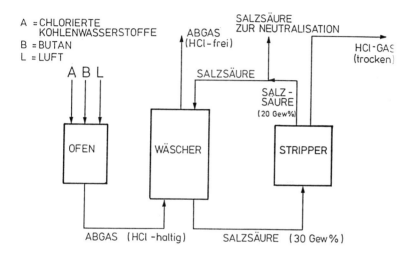

Abb. 6.14: Blockfließbild zu Beispiel 6.13

Lösung:

Da von den verbrannten chlorierten Kohlenwasserstoffen nur eine Elementaranalyse vorhanden ist, ist man gezwungen, auf Basis Atome zu bilanzieren. Vor der Analyse der Freiheitsgrade wird das Berechnungsfließbild gezeichnet.
Die Atommatrix ist offensichtlich ohne linear abhängige Zeilen.

Atom	Substanz Code	Butan B	O_2 O	N_2 N	H_2O W	CO_2 C	HCl H	Atommasse
H		10	0	0	2	0	1	1
Cl		0	0	0	0	0	1	35,5
C		4	0	0	0	1	0	12
O		0	2	0	1	2	0	16
N		0	0	2	0	0	0	14
Molekülmasse		58	32	28	18	44	36,5	

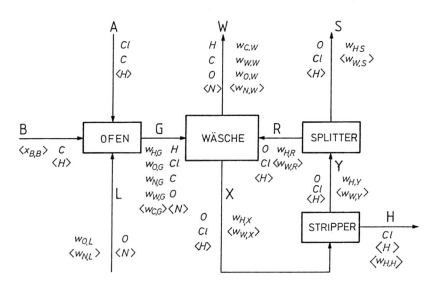

Abb. 6.15: Berechnungsfließbild zu Beispiel 6.13

Es können somit für Ofen, Wäscher und für das System fünf Bilanzgleichungen (H, Cl, C, O, N) für Stripper und Splitter drei Bilanzgleichungen (H, Cl, O) angeschrieben werden.

Die Bilanzen um den Ofen müssen auf Basis Atome erstellt werden; die restliche Anlage – ohne chemische Reaktion – kann sodann auf Massen-, Mol- oder Atombasis bilanziert werden.

Zur Klärung der Frage, ob die Ofenbilanzen berechenbar sind, werden die Freiheitsgrade ermittelt (Atom-Basis; keine Reaktion!).

Ofen:

		Ofen
Stromvariable		12
Bilanzen (H, Cl, C, O, N)	5	
bekannte Zusammensetzungen	4	
Basis A	1	
Basis B	1	
Luftüberschuß	1	
	12	–12
Freiheitsgrade		0

6.2 Bilanzierung über die Atommengen

Für den Ofen können also die Bilanzen erstellt werden, da der Luftüberschuß gegeben ist.

H: $G\left(\dfrac{2}{18} \cdot w_{W,G} + \dfrac{1}{36,5} \cdot w_{H,G}\right) = 700 \cdot 0,035 + 100 \dfrac{10}{58} = 41,74$ kg/h

Cl: $G\left(\dfrac{35,5}{36,5} \cdot w_{H,G}\right) = 700 \cdot 0,735 = 514,50$ kg/h

C: $G\left(\dfrac{12}{44} \cdot w_{C,G}\right) = 700 \cdot 0,23 + 100 \dfrac{48}{58} = 243,76$ kg/h

O: $G\left(\dfrac{16}{18} \cdot w_{W,G} \dfrac{32}{44} \cdot w_{C,G} + w_{O,G}\right) = L \cdot 0,233$

N: $G(w_{N,G}) = L \cdot 0,767$

Die Faktoren vor den Gewichtsbrüchen berücksichtigen den Anteil der Masse der betrachteten Komponente an der Masse des Moleküls (z.B. H in H$_2$O = 2/18; H in HCl = 1/36,5).

Zur Ermittlung des Luftverbrauches werden die Einsatzströme auf ihre molare Zusammensetzung umgerechnet.

Strom A: 700 kg/h

	Cl	C	H
%Gew	73,5	23,0	3,5
kg	514,5	161,0	24,5
M-gew	35,5	12	1
kmol	14,49	13,42	24,5

Strom B:
100 kg/h Butan = 1,724 kmol/h = 6,90 kmol C/h + 17,24 kmol H/h.

Bei der Verbrennung entstehen:

HCl: 14,49 kmol/h

CO$_2$: 13,42 + 6,90 = 20,32 kmol/h

H$_2$O: (24,5 + 17,24 – 14,49) · 0,5 = 13,63 kmol/h

Hierfür sind 20,32 + 13,63/2 = 27,14 kmol O$_2$/h theoretisch erforderlich. Mit = 1,25 ergibt sich ein O$_2$-Bedarf von 33,92 kmol/h und hieraus ein Stickstoffstrom von 127,60 kmol/h.

Zur Erstellung der Massenbilanz wird zurückgerechnet.

Strom L:

	O_2	N_2
kmol/h	33,92	127,60
Molmasse	32	28
kg/h	1085,4	3572,8
	L = 4658,2	

Einfacher ergeben sich diese Werte aus

$$L \cdot w_{O2} = [700\, (\frac{0{,}23 \cdot 2}{12} + \frac{0{,}035}{2} - \frac{0{,}735}{35{,}5} \cdot \frac{1}{2}) + 100\, (\frac{4 \cdot 2}{58} + \frac{10}{58{,}2})] \cdot 16 \cdot 1{,}25 = 1085$$

Setzt man L in die Bilanzgleichungen ein, erhält man (G − L − A − B = 0)

G = 5458,2 kg/h $w_{H,G} = 0{,}097$

$w_{C,G} = 0{,}164$

$w_{N,G} = 0{,}655$

$w_{W,G} = 0{,}045$

$w_{O,G} = 0{,}040$

Die weitere Anlage kann mit Atom-, Molekül- oder Massenbilanzen berechnet werden. Hierzu werden zuerst die Freiheitsgrade ermittelt.

	Wäscher		Stripper		Splitter		Prozeß		Anlage	
Stromvariable	13		5		6		18		12	
Bilanzen	5		2		2		9		5	
bek. Konzentrationen	5		2		1		6		4	
Mengen	1		−		−		1		1	
Splitterrestriktionen	−		−		1		1		−	
Verhältnisse (50 % H_2O)	1		−		−		1		−	
	12	−12	4	−4	4	−4	18	−18	10	−10
Freiheitsgrade	1		1		2		0		2	

Da keine Grundoperation null Freiheitsgrade aufweist, das Gesamtsystem aber bestimmt ist, gibt es nur zwei Lösungsmöglichkeiten:

− Numerische Lösung des Gleichungssystems und
− Durchziehen des Splitters.

Nach dem Durchziehen des Splitters ergibt sich folgender Zustand:

6.3 Herleitung stöchiometrischer Faktoren

	Wäscher	Stripper	Splitter	Prozeß	Anlage
Stromvariable	13	5	6	18	12
Bilanzen	5	2	2	9	5
bek. Konzentrationen	6	2	3	9	5
Mengen	1	–	–	1	1
Splitterrestriktionen	–	–	–	–	–
Verhältnisse	1	–	–	1	–
	13 –13	4 –4	5 –5	20 –20	11 –11
Freiheitsgrade	0	1	1	überbestimmt	1

Beginnend vom Wäscher können nun die Bilanzen gelöst werden.

$X = 3987$ kg/h; $R = 3335$ kg/h; $W = 4807$ kg/h

6.3 Herleitung stöchiometrischer Faktoren

Die Atommatrix kann auch dazu benutzt werden, die stöchiometrischen Faktoren zu berechnen. Besteht die Atommatrix Ω aus den Elementen $\alpha_{a,s}$ für die Koeffizienten der Atome in den Substanzen, gilt

$$\sum_{s=1}^{S} \alpha_{a,s} \cdot v_s = 0$$

mit v_s als dem stöchiometrischen Faktor der Komponente s.

Beispiel 6.14: Oxydation von Methanol

Methanol oxydiert zu CO_2 und Wasser. Wie groß sind die stöchiometrischen Faktoren der Reaktionsgleichung?

Lösung:

Es wird die Atommatrix erstellt und mit einem Vektor v multipliziert. Gemäß obiger Beziehung muß dies einen Nullvektor ergeben.

$$\begin{array}{c} C \\ H \\ O \end{array} \begin{bmatrix} 1 & 0 & 1 & 0 \\ 4 & 0 & 0 & 2 \\ 1 & 0 & 2 & 1 \end{bmatrix} \cdot \begin{bmatrix} v_1 \\ v_2 \\ v_3 \\ v_4 \end{bmatrix} = \begin{bmatrix} v_1 + 0 + v_3 + 0 \\ 4v_1 + 0 + 0 + 2v_4 \\ v_1 + 2v_2 + 2v_3 + v_4 \end{bmatrix} = \begin{bmatrix} 0 \\ 0 \\ 0 \end{bmatrix}$$

Ein Koeffizient kann frei gewählt werden, z.B. $v_1 = -1$. Man erhält dann:

$v_1 = -1$
$v_3 = 1$
$v_4 = 2$
$v_2 = -3/2$

Die Reaktionsgleichung lautet somit:

$$CH_3OH + 3/2\ O_2 \Rightarrow CO_2 + 2\ H_2O$$

Bei komplexeren Systemen ergibt die Anzahl der linear unabhängige Lösungen – also die Anzahl der frei wählbaren Koeffizienten – die Zahl der unabhängigen Gleichungen.

6.4 Gleichgewichtsreaktionen

Chemische Reaktionen laufen im allgemeinen nicht vollständig in eine Richtung ab, sondern streben einem Gleichgewichtszustand zu. Bei diesem ist die Geschwindigkeit der Hinreaktion gleich der der Rückreaktion. Solche Gleichgewichtszustände stellen bei der Bilanzierung weitere Bedingungen dar und müssen berücksichtigt werden. Da ihre Einbeziehung meist zu nichtlinearen Gleichungssystemen führt, ist eine numerische Lösung des Problems erforderlich.

Typische Vertreter von Gleichgewichtsreaktionen sind Vergasungen. Unter Vergasung versteht man die chemische Umsetzung von festen oder flüssigen C-Trägern mit einem sauerstoffhältigen Vergasungsmittel. Hier treten nun – bei entsprechender Temperatur – eine Reihe von Gleichgewichtsreaktionen zur Bildung von CO_2, CO, CH_4, H_2 und H_2O auf. Für diese Reaktionen sind die temperaturabhängigen Gleichgewichtsbedingungen bekannt. Diese Reaktionen und Gleichgewichte sind aber nicht voneinander unabhängig; ihre Abhängigkeit muß wie in den vorhergehenden Abschnitten ermittelt werden. Nur für die voneinander unabhängigen Reaktionen dürfen sodann Gleichgewichte angesetzt werden.

Die endgültige Zusammensetzung der Vergasungsprodukte erhält man dann aus den Erhaltungssätzen und den Gleichgewichtsbeziehungen.

6.5 Bilanzierung idealer Reaktoren mit Hilfe der Reaktionsgeschwindigkeit

In den vergangenen Abschnitten wurde der Ausdruck B_i (kmol/s), der die pro Zeiteinheit gebildete Menge eines Stoffes beschreibt, als bekannt vorausgesetzt, bzw. er konnte aus geforderten oder gegebenen Umsatzzahlen ermittelt werden. Dieser Wert läßt sich aber auch bei Kenntnis der Reaktionsgeschwindigkeit r_i durch

$$B_i = r_i \cdot V_R \text{ (kmol/s)}$$

errechnen. r_i (kmol/m^{3}s) beschreibt die Reaktionsgeschwindigkeit der Bildung

6.5 Bilanzierung idealer Reaktoren mit Hilfe der Reaktionsgeschwindigkeit

pro Volumseinheit und V_R das Reaktionsvolumen (m³). Die gebildete Menge gleichzeitig durch die Änderung der Konzentration

$$B_i = V_R \cdot \frac{dc_i}{dt}$$

beschrieben werden kann, gilt für ein konstantes Volumen

$$r_i = \frac{dc_i}{dt}$$

Die Reaktionsgeschwindigkeit r_i selbst ist nun wiederum von vielen Faktoren abhängig, vorwiegend von den Konzentrationen c_i, der an der Reaktion beteiligten Komponenten (Reaktanten und Produkte) und von einer „Reaktionsgeschwindigkeitskonstante k", die selbst abhängig von der Temperatur und eventuell von anderen Faktoren (z.B. Katalysatoren) ist.

$$r_i = f(c, T)$$

Da sich die Konzentration während einer Reaktion im allgemeinen ständig ändert, ist die Art der Abhängigkeit der Reaktionsgeschwindigkeit von c wesentlich. Man kann beispielsweise folgende Grundtypen von Reaktionen unterscheiden:

$r = k$ Reaktion nullter Ordnung

$r = k \cdot c$ Reaktion erster Ordnung

$r = k \cdot c^n$ Reaktion n-ter Ordnung

$r = k \cdot \dfrac{c}{K+c}$ Reaktion vom Monod-Typus

Die derart angesetzten Reaktions- bzw. Bilanzgleichungen dienen auch zur Berechnung des für eine Reaktion nötigen Volumens, wenn der Umsatz bzw. die Endkonzentration vorgegeben ist.

In jedem Fall ist wegen der Abhängigkeit der Bildungsgeschwindigkeit von der Konzentration, außer bei Reaktionen nullter Ordnung, die Kenntnis der Strömungs- bzw. Mischungsverhältnisse im Reaktor wichtig.

Als idealisierte Reaktor-Grundtypen gelten der Rührkessel und der Rohrreaktor (Abb. 6.16). Für ersteren wird angenommen, daß durch die vollständige Vermischung im Reaktionsraum keine Konzentrations- bzw. Temperaturgradienten bestehen. Somit herrschen zu einem gegebenen Zeitpunkt an jeder Stelle absolut gleiche Bedingungen vor; im kontinuierlichen Betrieb gilt zusätzlich, daß zu jedem Zeitpunkt gleiche Bedingungen herrschen.

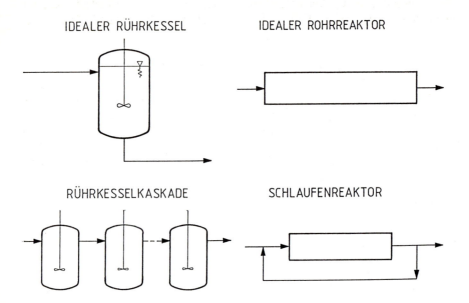

Abb. 6.16: Grundtypen idealer Reaktoren

Der ideale Rohrreaktor weist dagegen weder in Strömungsrichtung noch quer dazu Vermischungserscheinungen auf (Abb. 6.17).

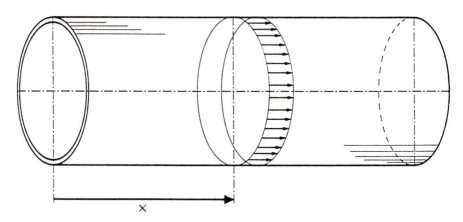

Abb. 6.17: Strömungsverhältnisse im idealen Reaktionsrohr

6.5 Bilanzierung idealer Reaktoren mit Hilfe der Reaktionsgeschwindigkeit

Weit verbreitet in der Verfahrenstechnik sind die Rührkesselkaskade und der Schlaufenreaktor, die ebenfalls in Abb. 6.16 schematisch dargestellt sind.

6.5.1 Reaktionen im idealen diskontinuierlichen Rührkessel

Möglichst vollständig (ideal) durchmischte Reaktoren werden sowohl in kontinuierlichen als auch in diskontinuierlich ablaufenden Verfahren eingesetzt.

Der chargenweise Betrieb von Reaktoren – Füllen, Reagieren – Entleeren – stellt die einfachste Art der Prozeßführung dar und wird hauptsächlich bei Verfahren mit langer Reaktionszeit oder bei kleinen Produktionsmengen angewandt. Setzt man hier die Bilanzgleichung

$$\sum \text{Aus} - \sum \text{Ein} = \pm \text{ Bildung} \pm \text{ Speicherung}$$

an, ergibt sich aus der Tatsache des Chargenbetriebes

Aus = Ein = 0:

$$\pm \text{ Bildung} \pm \text{ Speicherung} = 0$$

Der Bildungsstrom errechnet sich aus dem Produkt der Reaktionsgeschwindigkeit mal dem Reaktorvolumen in der betrachteten differentiellen Zeiteinheit

$$B_i = V_R \cdot r_i \, dt.$$

Der Speicherterm entspricht der zeitlichen Änderung der Konzentration im betrachteten Reaktionsvolumen V_R

$$dn_i = V_R \cdot dc_i$$

Die Bilanzgleichung lautet somit

$$r \cdot dt = dc$$

bzw.

$$\frac{1}{r} \cdot dc = dt$$

Beispiel 6.15: Diskontinuierliche Polymerisation von Styrol

Aus reaktionskinetischen Untersuchungen zur Polymerisation von Styrol (St) zu Polystyrol wurde folgende Kinetik ermittelt:

$$r_{St} = -k \cdot c_{St}^{3/2} \quad (\text{mol} \cdot l^{-1} \cdot h^{-1})$$

$$k = 5{,}35 \cdot 10^{-3} \quad (l^{0,5} \cdot \text{mol}^{-0,5} \cdot h^{-1})$$

Zu berechnen ist der zeitliche Verlauf der Reaktion und die Konzentration nach 10 Stunden, wenn die Reaktion mit $c_{St0} = 1$ mol/l beginnt.

Lösung:

Von der Bilanzgleichung für Styrol bleibt für den Fall des diskontinuierlichen Systems ohne Zu- und Abfluß nur

$$-k \cdot c_{St}^{3/2} \cdot \frac{dc_{St}}{dt} = 0$$

$$\frac{dc_{St}}{c_{St}^{3/2}} = -k \cdot dt$$

$$-\frac{1}{2} c_{St}^{1/2} = -kt + C$$

Anfangsbedingungen: $t = 0$ $\quad c_{St} = c_{St0} \quad C = -\frac{1}{2} c_{St0}^{-1/2}$

Ergebnis für den zeitlichen Konzentrationsverlauf (Abb. 6.18 mit $c_{St0} = 1$):

$$c_{St} = \frac{1}{(1 + 2kt \cdot \sqrt{c_{St0}})^2}$$

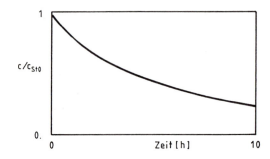

Abb. 6.18: Zeitlicher Verlauf der Styrolkonzentration (c_{St}/c_{St0})

Nach 10 Stunden erhält man die Konzentration

$$c_{St} = \frac{1}{(1 + 2 \cdot 5{,}35 \cdot 10^{-3} \cdot 10 \cdot \sqrt{c_{St0}})^2} = 0{,}816 \, \text{mol/l}$$

Die Bildung einer Spezies läßt sich somit auch aus der Kinetik errechnen. Kennt man die pro Volumseinheit gebildete Menge oder die Reaktionsordnung und die

6.5 Bilanzierung idealer Reaktoren mit Hilfe der Reaktionsgeschwindigkeit

Geschwindigkeitskonstante der Reaktion, so läßt sich der volumetrische Bildungsstrom errechnen. Dieser wird in der Bilanzgleichung wie ein von außen kommender Strom eingearbeitet.
Dies gilt naturgemäß auch für kontinuierliche Prozesse.

6.5.2 Reaktionen im idealen kontinuierlichen Rührkessel

Der aufwendige Betrieb diskontinuierlicher Reaktoren wird gerne umgangen, indem man die Apparate kontinuierlich beschickt. In diesem Falle wird in der Bilanzgleichung der Speicherterm zu Null, während die Transportterme berücksichtigt werden müssen.

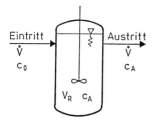

Abb. 6.19: Idealer kontinuierlicher Rührkessel

Bilanzgleichung für Komponente i:

$$\dot{V} \cdot c_{A,i} - \dot{V} c_{0,i} = r_i \cdot V_R$$

Beispiel 6.16: Kontinuierliche Polymerisation im Rührkessel
Der Prozeß aus Beispiel 6.15 soll in einem kontinuierlich durchströmten, ideal durchmischten Rührkesselreaktor stattfinden. Welches Reaktionsvolumen benötigt man bei einem Durchfluß von 1 Liter pro Stunde, wenn die Endkonzentration von 0,816 mol/l erreicht werden soll?

Lösung:

In einem ideal durchmischten kontinuierlichen Reaktor herrscht zu jedem Zeitpunkt und an jedem Ort dieselbe Konzentration, die gleichzeitig auch die Konzentration im austretenden Strom entspricht. Der Bildungsstrom

$$B_{St} = r_{St} \cdot V_R$$

ist mit

$$r_{St} = -k \cdot c_{St}^{3/2} = -5,35 \cdot 10^{-3} \cdot 0,816^{3/2} = -3,94 \cdot 10^{-3}$$

ebenfalls zeit- und ortsunabhängig.

Aus der Bilanzgleichung für Styrol

$\sum$Aus – $\sum$Ein = ± Bildung ± Speicherung

folgt für den stationären Fall und 1 l/h durchströmende Menge:

$1 \cdot c_{St} - 1 \cdot c_{St0} = r_{St} \cdot V_R$

Somit errechnet sich das benötigte Reaktorvolumen zu

$$V_R = \frac{c_{St} - c_{St0}}{r} = \frac{0{,}816 - 1}{-3{,}94 \cdot 10^{-3}} = 46{,}7 \text{ l}$$

Während beim diskontinuierlichen Rührkessel für 10 l Einsatz in 10 h nur 10 l Reaktorvolumen erforderlich waren, benötigt der kontinuierliche Rührkessel bei der hier gültigen Kinetik beinahe das fünffache Volumen. Dies liegt daran, daß die Reaktion ständig bei der niedrigen Endkonzentration abläuft.

Um die Vorteile des kontinuierlichen Rührkessels (stationärer Betrieb) und die des diskontinuierlichen Rührkessels (hohe Konzentrationen zu Beginn) zu vereinen, führt man viele Reaktionen im kontinuierlich durchströmten Rohrreaktor durch.

6.5.3 Reaktionen im idealen Strömungsrohr

Im idealen Strömungsrohr findet, im Gegensatz zum Rührkessel, keine Vermischung statt. Man könnte sich vorstellen, daß differentiell kleine Rührkessel durch den Reaktor wandern, so daß für jedes Flüssigkeitselement Bedingungen wie im Batchreaktor herrschen, die Anlage aber kontinuierlich läuft. Analog könnte man sich den Rohrreaktor als Kaskade unendlich viele differentiell kleine kontinuierliche Rührkessel vorstellen (Abb. 6.20).

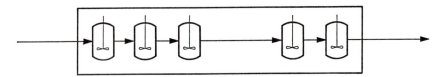

Abb. 6.20: Der ideale Rohrreaktor als Kaskade unendlich vieler differentiell kleiner Rührkessel

Unter diesen Umständen herrschen über die Länge des Rohres Bedingungen, die sich von denen am Austritt unterscheiden, so daß für jede Kinetik, die auf einer Reaktionsordnung größer als 1 beruht, günstigere Bedingungen als im kontinuierlichen Rührkessel vorgefunden werden.

6.5 Bilanzierung idealer Reaktoren mit Hilfe der Reaktionsgeschwindigkeit

Für jeden differentiellen Längsabschnitt lassen sich nun die Bilanzen für alle Komponenten aufstellen.

$\sum$ Aus $- \sum$ Ein $= \pm$ Bildung $\pm$ Anreicherung

Da der Vorgang insgesamt stationär abläuft, kommt es zu keiner Anreicherung; somit ist der zweite Ausdruck auf der rechten Seite gleich Null zu setzen.
Für ein differentielles Längenelement gilt somit (vgl. Abb. 6.21):

F ... Flächenquerschnitt

v ... Strömungsgeschwindigkeit

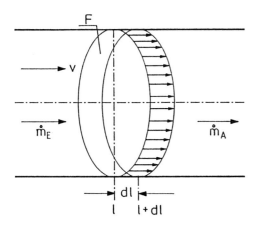

Abb. 6.21: Zur Massenbilanz am differentiellen Längselement

Austrittsmenge: $\dot{m}_A = F \cdot v \cdot c_{l+dl}$ bzw. $\dot{m}_A = F \cdot v \cdot (c_l + dc_l)$

Eintrittsmenge: $\dot{m}_E = F \cdot v \cdot c_l$

Bildung: $b = V \cdot r = F \cdot dl \cdot r$

Die Bilanzgleichung lautet somit:

$F \cdot v \cdot (c_l + dc_l) - F \cdot v \cdot c_l = F \cdot dl \cdot r$

bzw.

$v \cdot dc_l = r \cdot dl$

Ersetzt man in dieser Beziehung die Strömungsgeschwindigkeit v durch die Verweilzeit τ und die Reaktorlänge L_R

$$v = L_R/\tau$$

erhält man:

$$\frac{1}{r} \cdot dc = \tau/L_R \cdot dl$$

Diese Beziehung beschreibt den Konzentrationsverlauf der betrachteten Komponente über die dimensionslos gemachte Reaktorlänge.

Beispiel 6.17: Kontinuierliche Polymerisation im Idealrohr

Der Prozeß aus Beispiel 6.15 soll in einem kontinuierlich durchströmten Idealrohr ablaufen. Wie groß ist das erforderliche Reaktorvolumen bei der Endkonzentration von 0,816 mol/l?

Lösung:

Die Reaktionsgeschwindigkeit war gegeben durch

$$r_{st} = -k \cdot c_{st}^{3/2} \qquad (mol \cdot l^{-1} \cdot h^{-1})$$

mit

$$k = 5{,}35 \cdot 10^{-3} \qquad (l^{0,5} \cdot mol^{-0,5} \cdot h^{-1})$$

Der Konzentrationsverlauf zwischen Beginn (l = 0) und Ende (l = L_R) des Reaktors errechnet sich somit zu

$$\frac{1}{-k \cdot c_{st}^{3/2}} \cdot dc = \frac{\tau}{L_R} \cdot dl$$

Die Verweilzeit τ ist gleich dem Verhältnis des gesuchten Reaktorvolumens V_R und der Durchflußmenge $\dot{V}$

$$\tau = \frac{V_R}{\dot{V}}$$

Die Integration der Differentialgleichung ergibt:

$$c_{st} = \frac{c_{st0}}{(1 + 2 \cdot k \cdot \tau \cdot \frac{1}{L_R} \cdot \sqrt{c_{st0}})^2}$$

Diese Gleichung hat die gleiche Form wie die aus Beispiel 6.15, wobei die Reaktionszeit hier durch die mit der dimensionslos gemachten Reaktorlänge ersetzt wurde.

6.5 Bilanzierung idealer Reaktoren mit Hilfe der Reaktionsgeschwindigkeit

$$t \stackrel{\wedge}{=} \tau \cdot \frac{l}{L_R}$$

In diesem Sinne entspricht das Konzentrationsprofil über die Rohrlänge dem zeitlichen Konzentrationsverlauf im Rührkessel.

Durch Umformung der Gleichung erhält man für die Reaktionszeit

$$\tau = \frac{L_R}{l} \cdot \frac{1}{2 \cdot k \cdot \sqrt{c_{st0}}} \left(\sqrt{\frac{c_{st0}}{c_{st}}} - 1 \right)$$

Bei der geforderten Endkonzentration ($c_{st} = 0{,}816$ bei $l = L_R$) erhält man

$$\tau = 10 \text{ h}$$

Dies entspricht der Reaktionszeit, die im Beispiel 6.15 für die Berechnung der Endkonzentration vorgegeben wurde.

Reaktionszeit bzw. Reaktorvolumen sind also beim idealen diskontinuierlichen Rührkessel gleich wie beim kontinuierlich durchströmten Idealrohrreaktor, zieht man den Aufwand für Füllen und Entleeren des Batchreaktors nicht in Betracht.

6.5.4 Kaskade idealer Reaktoren

Eine technisch oftmals ausgeführte Zwischenstufe, die die Vorteile des gerührten Reaktionskessels mit dem des kontinuierlichen Reaktors verbindet, ist die Rührkesselkaskade. Hier wird eine Anzahl kontinuierlicher Rührkessel in Serie geschaltet und vom Produktstrom durchflossen (Abb. 6.22). Hierdurch stellen sich in jedem Reaktor Bedingungen ein, die – abgesehen vom letzten – für die Reaktion vorteilhafter sind als im kontinuierlichen Rührkessel.

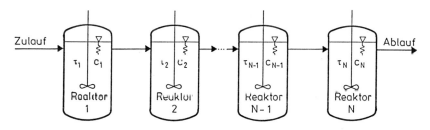

Abb. 6.22: Kaskade idealer Reaktoren

Die Verweilzeit in jeder Stufe ist natürlich nur der N-te Teil der gesamten Aufenthaltsdauer.

$$\tau_n = \frac{\tau}{N}$$

Die Berechnung kann in diesem Fall von Reaktor zu Reaktor erfolgen.

Beispiel 6.18: Kontinuierliche Polymerisation in einer Kaskade

Die Polymerisation aus Beispiel 6.15 soll in einer Kaskade von 10 Rührkesseln mit je 2 Stunden Verweilzeit erfolgen. Zu berechnen sind die Konzentration in den jeweiligen Rührkesseln bei Annahme einer perfekten Vermischung.

Lösung:

Jeder der Reaktoren ist ein idealer Rührkessel; somit kann mit der Berechnung beim ersten Reaktor mit der gegebenen Eintrittskonzentration c_0 begonnen werden.

$$c_n - r_{st,n} \cdot \tau = c_{n-1}$$

$$c_1 - r_{st,1} \cdot \tau = c_0$$

$$c_1 + k \cdot \tau \cdot c_1^{3/2} = c_0$$

Die iterative Lösung der Gleichung ergibt bei $c_0 = 1$ mol/l

$c_1 = 0{,}9895$ mol/l .

Mit diesem Wert als Zulaufkonzentration für den nächsten Reaktor kann man weiterrechnen, bis nach dem zehnten Kessel eine Endkonzentration von $c_{10} = 0{,}902$ mol/l erreicht ist. Abb. 6.23 zeigt die Rechenergebnisse.

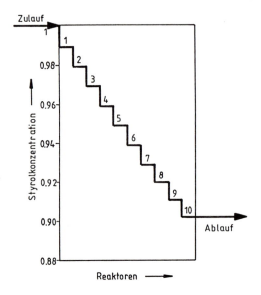

Abb. 6.23: Styrolkonzentration in den Reaktoren der Kaskade

Die Kaskade liegt also bezüglich des benötigten Reaktorvolumens zwischen dem kontinuierlichen Rührkessel und dem idealen Rohrreaktor. Je größer die Anzahl der Reaktoren ist, und je geringer damit die Verweilzeit in einer Stufe ist, umso näher kommt man dem Idealrohr. Reale Rohrreaktoren mit Vermischung in Längsrichtung lassen sich näherungsweise durch Kaskaden beschreiben.

6.6 Zusammenfassung

Die Ausführungen in den vorhergegangenen Kapiteln haben gezeigt, daß es bei Auftreten chemischer Reaktionen drei Wege gibt Stoffbilanzen zu erstellen:

- Auf Basis Mole oder Masse, wenn chemische Reaktionen auftreten und wenn die Stöchiometrie bekannt ist.
- Auf Basis Atome bei unbekannter oder komplexer Stöchiometrie.
- Mit Hilfe der Reaktionskinetik.

Die Entscheidung, wann Atombilanzen vorteilhaft sind, ist nicht immer einfach.

Wesentlich bei der Bilanzierung über die Mole ist es, die Anzahl der unabhängigen Reaktionen zu bestimmen, bevor die Anzahl der Freiheitsgrade festgelegt wird. Sodann ist es auf Basis dieser Freiheitsgrade möglich, den optimalen Lösungsweg bei der Berechnung zu wählen.

Kapitel 7 Grundlagen der Energiebilanzierung

Laufen in einem Prozeß Vorgänge ab, die Energieflüsse verursachen, so gilt allgemein:

$$\begin{bmatrix} \text{Masse aus} \\ \text{dem Prozeß} \end{bmatrix} - \begin{bmatrix} \text{Masse zum} \\ \text{Prozeß} \end{bmatrix} = \pm \begin{bmatrix} \text{Anreicherung} \\ \text{im Prozeß} \end{bmatrix}$$

und

$$\begin{bmatrix} \text{Energie aus} \\ \text{dem Prozeß} \end{bmatrix} - \begin{bmatrix} \text{Energie zum} \\ \text{Prozeß} \end{bmatrix} = \pm \begin{bmatrix} \text{Anreicherung} \\ \text{im Prozeß} \end{bmatrix}$$

Zusätzlich gilt, daß Energie in verschiedene Erscheinungsformen umgewandelt werden kann, wie dies bereits in Abschnitt 3.1.2 ausführlich dargestellt wurde. Es sind deshalb folgende Energieformen zu berücksichtigen:

– Potentielle Energie
– Kinetische Energie
– Innere Energie
– Elektrische und magnetische Felder.

Aus und in den Prozeß kann Energie in folgende Weise gebracht werden:

– An Masse gebunden
– Durch Arbeitsleistung
– Durch Wärmeübertragung
– Durch Feldeffekte.

Da sich die Masse nicht ändert, interessiert bei der an Masse gebundenen Energie nur ihre Änderung, nicht ein Absolutwert. Deswegen werden Enthalpieinhalte immer nur als ΔH angegeben.

Der mit dem Massenstrom mitgeführte Energiestrom wird in J/s angegeben. Die Referenzbasis der molaren Enthalpie ist die Bildungsenthalpie der Komponenten im gasförmigen Zustand zum atmosphärischen Druck und 0 K Temperatur extrapoliert.

Die Bildungswärme ist die Wärme, die bei der Bildung chemischer Verbindungen aus den Elementen abgegeben bzw. aufgenommen wird. Sie wird meist auf den molaren Umsatz bezogen. Die Bildungswärme ist positiv, wenn bei der Bildung der Verbindung Wärme aus der Umgebung aufgenommen wird, also bei endothermen Reaktionen, und negativ, wenn bei der Bildung der Verbindung Wärme an die Umgebung abgegeben wird, also bei exothermen Reaktionen. Die

7 Grundlagen der Energiebilanzierung

Bildungswärme bei konstantem Druck nennt man Bildungsenthalpie ΔH^B, bei konstantem Volumen Bildungsenergie ΔU^B.

Zur einheitlichen Definition hat man festgesetzt, daß alle an der Bildungsreaktion teilnehmenden Stoffe in bestimmten Standardzuständen vorliegen müssen. Als solche wählt man die Temperatur 25 °C = 298,15 K, bei Gasen den idealen Gaszustand, bei Flüssigkeiten und Feststoffen die stabilste Modifikation unter dem Druck von 1 atm).[1] Die sich hier ergebenden Standardbildungsenthalpien werden ΔH^B_{298} bezeichnet. Für die Elemente sind sie definitionsgemäß gleich Null.

Die Standardbildungsenthalpien chemischer Verbindungen sind in Tabellenwerken angeführt (z.B. [11]). Daneben können Bildungsenthalpien bei anderen Temperaturen berechnet werden (vgl. Anhang 4).

Bildungsenthalpien können zur Berechnung von Reaktionsenthalpien herangezogen werden.

$$\Delta H_R = \sum v_i \cdot \Delta H_i^B \tag{7.1}$$

Ebenso können Bildungsenthalpien, die selten direkt meßbar sind, mit Hilfe des Heß'schen Satzes aus kalorimetrisch zugänglichen Reaktionsenthalpien errechnet werden. Der Heß'sche Satz sagt aus, daß beim Übergang eines chemischen Systems von einem definierten Ausgangszustand in einem definierten Endzustand die abgegebene oder aufgenommene Wärmemenge unabhängig vom Wege der Umsetzung ist.

Beispiel 7.1: Verbrennung von Kohlenstoff

Die Reaktionsenthalpie ΔH_R bei der Verbrennung von Kohlenstoff zu Kohlendioxid beträgt –393 kJ/mol unabhängig davon, ob diese Reaktion direkt

$$C + O_2 \Rightarrow CO_2$$

oder über

$$C + \frac{1}{2} O_2 \Rightarrow CO \quad \text{und}$$

$$CO + \frac{1}{2} O_2 \rightarrow CO_2$$

erfolgt. Wenn die Reaktionsenthalpie von

$$C + \frac{1}{2} O_2 \Rightarrow CO \quad \text{mit } -110 \text{ kJ/mol}$$

bekannt ist, ist die Reaktionsenthalpie der dritten Reaktion zu errechnen.

---

1 1 atm = 1,01325 bar

Lösung:

Auf Grund des Heßschen Satzes muß sich die dritte Reaktionsenthalpie aus der Differenz der beiden anderen ergeben (vgl. Abb. 7.1). Sie beträgt somit 283 kJ/mol.

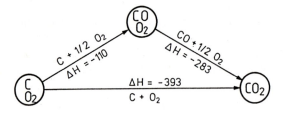

Abb. 7.1: Reaktionswege der vollständigen Oxidation von Kohlenstoff

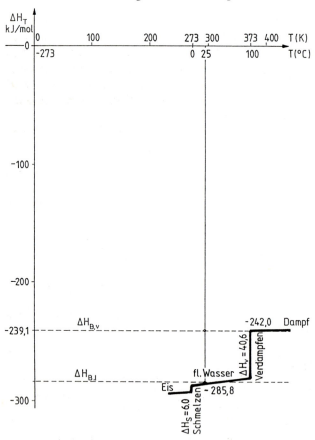

Abb. 7.2: Temperaturabhängigkeit der Enthalpie von Wasser

7 Grundlagen der Energiebilanzierung

Die Reaktionsenthalpie von

$$C + \frac{1}{2} O_2 \Rightarrow CO$$

ist gleichzeitig die Bildungsenthalpie von CO, da die Reaktion von den Elementen C und O_2 ausgeht, deren Bildungsenthalpie definitionsgemäß Null sind.

Der gesamte Enthalpieinhalt einer Substanz ΔH_T besteht aus der Bildungsenthalpie und der vom Standardzustand in den aktuellen Zustand erfahrenen physikalischen Zustandsänderungen. Unter diesen versteht man Erwärmungen und Phasenänderungen ohne Änderung der Molekülstruktur. Abb. 7.2 zeigt das ΔH_T/T-Diagramm von Wasser. Innerhalb einer Phase (fest, flüssig oder dampfförmig) ändert sich die Enthalpie beinahe linear mit der Temperatur entsprechend

$$\Delta H_T = \bar{c} \cdot \Delta T \quad kJ/mol,$$

wobei $\bar{c}$ die in diesem Bereich gemittelte spezifische Wärmekapazität kJ/mol K darstellt. Zwischen den Phasen besteht ein Sprung in der Enthalpiefunktion entsprechend der Schmelz- bzw. Verdampfungswärme ΔH_s bzw. ΔH_v. Es ist aus dem Diagramm auch ersichtlich, daß die Bildungswärme von der Temperatur abhängt.

Das Diagramm zeigt weiters, wie die Bildungswärme des Dampfes bei 298 K $\Delta H^B_{298,D}$ definiert ist, und wie die Verdampfungswärme bei anderen Temperaturen als dem Normalsiedepunkt T_s bestimmt wird, wenn die mittleren spezifischen Wärmekapazitäten in der flüssigen ($\overline{c_l}$) und der dampfförmigen ($\overline{c_v}$) Phase bekannt sind.

$$\Delta H_{v,T} = \Delta H_{v,373} + (T_s - T) \cdot (\overline{c_l} - \overline{c_v}) \tag{7.2}$$

Für die Berechnung von Enthalpien bei Energiebilanzen stehen somit zwei Möglichkeiten offen:

- Über Bildungsenthalpien und Energieinhalte und
- über Reaktionsenthalpien und spezifische Wärmekapazitäten.

In Sonderfällen kann auch über Bildungsenthalpien und Wärmekapazitäten gerechnet werden.

Treten in einer Bilanz keine Reaktionen auf, kann alleine über spezifische Wärmekapazitäten und Wärmetönungen bei Phasenänderungen gerechnet werden. Bei chemischer Reaktion wird es vorteilhaft sein, über Bildungsenthalpien zu rechnen, außer die Reaktionsenthalpien sind explizit gegeben. Letzteres ist meist bei der Verbrennung fossiler Brennstoffe gegeben, wo eine in ihrer molekularen Zusammensetzung unspezifizierte Substanz (Öl, Kohle, Holz) reagiert. Die Reaktionsenthalpie ist in diesen Fällen in Form des Heizwertes bekannt.

Kapitel 8 Energiebilanzen bei Systemen ohne chemische Reaktion

Treten in einem zu bilanzierenden System keine chemischen Reaktionen auf, brauchen natürlich auch keine Reaktionsenthalpien berücksichtigt zu werden. Für die Erstellung von Energiebilanzen benötigt man dann Angaben über die Druck- und Temperaturabhängigkeit der Enthalpie der Stoffe. Diese findet man entweder

- in Tabellenform (vgl. Anhang 5 und Tab. 8.1),
- in Diagrammform (vgl. Abb. 8.1),
- als Angaben über Schmelz- und Verdampfungswärmen und mittlere spezifische Wärmekapazitäten, oder
- als entsprechende Zustandsgleichungen.

Im allgemeinen müssen Stoff- und Energiebilanzen gleichzeitig bzw. nachfolgend iterativ gelöst werden. In vielen Fällen ist es jedoch möglich, die Stoffbilanzen zu lösen bevor die Wärmebilanzen begonnen werden. Stehen zwei Prozeßteile nur durch Wärmeaustausch miteinander in Verbindung, so ist durch die ausgetauschte Wärmemenge eine Mengenbasis in jedem Subsystem fixiert.

8.1 Geschlossene Systeme

Geschlossene Systeme sind dadurch gekennzeichnet, daß keine Massenströme die Bilanzgrenzen überschreiten. Als Energieaustauscheffekte kommen somit – bei Vernachlässigung der Feldeffekte – nur Wärmeübertragung und Arbeitsleistung in Frage. In den Berechnungen sind somit zu berücksichtigen:

- Temperaturänderungen,
- Druckänderungen,
- Phasenänderungen sowie
- Arbeitsleistungen.

Beispiel 8.1: Kompressionswärmepumpe

Eine Wärmepumpe nimmt aus der Umgebung bei der Temperatur T_0 Wärme auf, wodurch das Wärmeträgermedium (R12) verdampft wird. Dieser Dampf wird sodann komprimiert – dadurch erhitzt – und gibt seine Energie im Wärmetauscher an das zu erwärmende Medium Ethanol (7.800 kg/h) wieder ab, das von 24 °C bis auf Siedetemperatur (78,3 °C) erwärmt werden soll. Die Leistungszahl ε der

8.1 Geschlossene Systeme

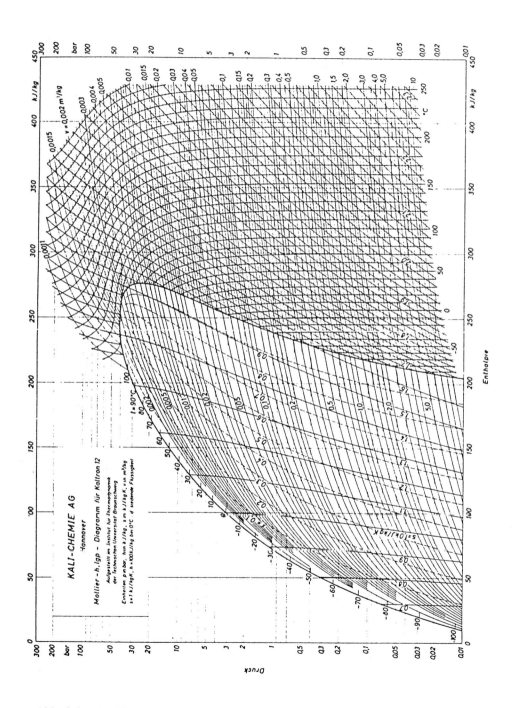

Abb. 8.1: Mollier-h/lg p-Diagramm für R12 [12]

Wärmepumpe (ε = Nutzwärmestrom $\dot{Q}_N$/Verdichterleistung N) soll nach folgender Formel berechnet werden [4].

$$\varepsilon = 0{,}74 \, \frac{T_0}{T_N - T_0} - \left[0{,}0032 \cdot T_0 + 0{,}765 \, \frac{T_0}{T_N} \right] + 0{,}9$$

Zu berechnen ist die vom Verdichter aufgenommene Leistung und die der Umwelt entzogene Wärmemenge (T_0 = 20 °C). Die Temperaturdifferenz in den Wärmetauschern soll mindestens 5 °C betragen. In welchem Zustand befindet sich der Kältemitteldampf bei Verlassen des Kompressors?

Die mittlere spezifische Wärme von C_2H_5OH in diesem Temperaturbereich ist 2,4 kJ/kgK. Die Enthalpiedaten des Kältemittels sind Abb. 8.1 zu entnehmen.

Lösung:

Das Verfahren besteht aus zwei Teilsystemen, die nur durch einen Wärmetauscher verbunden sind (Abb. 8.2). Die Angaben aus dem Ethanolstrom werden nur benötigt, um über die Wärmebilanz die Mengenbasis im geschlossenen Kreislaufsystem der Wärmepumpe zu fixieren. Die erforderliche Wärmeleistung ergibt sich aus

$$\dot{Q}_N = c \cdot m \cdot T = 2{,}4 \cdot \frac{7800}{3600} \, (78{,}3 - 24) = \frac{kJ}{kgK} \, \frac{kg}{h} \, \frac{J}{s} \cdot K$$

$$\dot{Q}_N = 282{,}36 \text{ kJ/s}$$

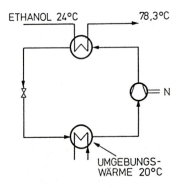

Abb. 8.2: Fließbild der Kompressionswärmepumpe

Über die gegebenen Zusatzbedingungen für die Leistungszahl erhält man die Kompressorleistung N. Aus der Bedingung, daß eine Temperaturdifferenz von 5 K in den Wärmetauscher eingehalten werden muß, folgt:

$$T_N = 273{,}15 + 78{,}3 + 5 = 356{,}45$$

$T_0 = 273{,}15 + 20{,}0 - 5 = 288{,}15$

$\varepsilon = 2{,}48$

$N = \dot{Q}_N/\varepsilon = 282{.}36/2{,}48 = 113{.}8$ kJ/s

Das Kältemittel R12 nimmt also bei 15 °C, entsprechend 4,91 bar durch Verdampfung Wärme auf und wird dann auf 24,5 bar verdichtet, um die Wärme durch Kondensation bei 83,3 °C abgeben zu können. Nach dem Verdichtungsvorgang ist das Kältemittel überhitzt. Der entsprechende Zustandspunkt ist nicht bekannt. Der Druck ist 24,5 bar; hier sind Temperatur und Enthalpie zu ermitteln.

Die von der Wärmepumpe abgegebene Wärmemenge beträgt bei einer umlaufenden Kältemittelmenge $\dot{m}_K$.

$$\dot{Q}_N = \dot{m}_K \cdot (h_2 - h_3) \; \frac{kg}{s} \cdot \frac{kJ}{kg}$$

Hiermit bestehen zwei Gleichungen für $\dot{m}_K$ und h_2:

Kondensator:
$329{,}42 = \dot{m}_K \cdot (h_2 - 187{,}1)$

Kompressor:
$132{,}8 = \dot{m}_K \cdot (h_2 - 259{,}0)$

Ihre Lösung ergibt:

$\dot{m}_K = 2{,}73$ kg/s

$h_2 = 307{,}6$ kJ/kg

h_1 und h_3 können aus dem Diagramm (Abb. 8.1) oder aus der Dampftafel (Tab. 8.1) entnommen werden.

8.2 Offene Systeme

Treten Massenströme über die Bilanzgrenzen in Systeme ein oder aus diesen aus, so sind an diese auch Energiemengen gebunden. Solange keine Reaktionen auftreten, müssen nur die Energieinhalte der einzelnen Komponentenströme sowie die Arbeitsleistungen bilanziert werden. Wiederum müssen die Energiebilanzen und die Stoffbilanzen getrennt, aber Hand in Hand gelöst werden.

Beispiel 8.2: Rauchgaswäsche

600.000 Nm^3/h Rauchgas aus einer Kohlefeuerung mit 4 g SO_2/Nm^3 werden in einem Sprühturm mit einer Kalklösung gewaschen. Hierbei kühlt sich das Rauchgas von 120 °C ab. Die Austrittstemperatur ist durch die Wärmebilanz bestimmt. Es können folgende Vereinfachungen getroffen werden:

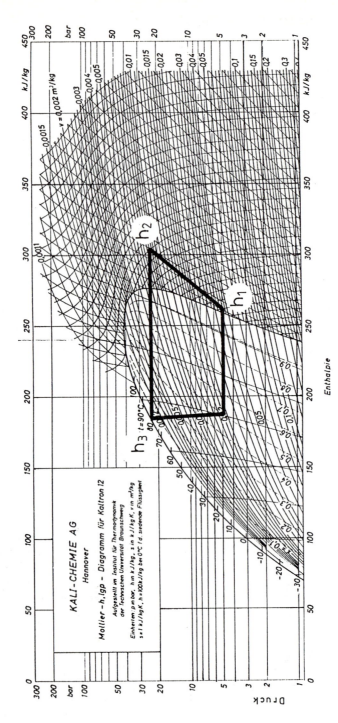

Abb. 8.3: Wärmepumpenprozeß im Mollier-Diagramm

8.2 Offene Systeme

Tab. 8.1: Dampftafel für R12 (nach [12])

Temperatur t °C	Druck p bar	Spez. Volum der Flüssigkeit v' dm³/kg	Spez. Volum des Dampfes v'' m³/kg	Dichte der Flüssigkeit ϱ' kg/dm³	Dichte des Dampfes ϱ'' kg/m³	Enthalpie der Flüssigkeit h' kJ/kg	Enthalpie des Dampfes h'' kJ/kg	Enthalpie der Verdampfung $r=h''-h'$ kJ/kg	Entropie der Flüssigkeit s' kJ/kg·K	Entropie des Dampfes s'' kJ/kg·K
21	5.8362	0.7553	0.03008	1.3240	33.2431	120.16	261.38	141.22	1.0704	1.5505
22	6.0016	0.7573	0.02926	1.3204	34.1741	121.13	261.76	140.63	1.0736	1.5501
23	6.1705	0.7594	0.02847	1.3168	35.1258	122.11	262.14	140.03	1.0769	1.5497
24	6.3428	0.7615	0.02770	1.3131	36.0988	123.09	262.52	139.43	1.0802	1.5494
25	6.5187	0.7637	0.02696	1.3095	37.0935	124.07	262.89	138.82	1.0834	1.5490
26	6.6982	0.7658	0.02624	1.3058	38.1112	125.06	263.26	138.21	1.0867	1.5487
27	6.8814	0.7680	0.02554	1.3021	39.1515	126.04	263.63	137.59	1.0899	1.5483
28	7.0682	0.7702	0.02487	1.2983	40.2158	127.03	264.00	136.97	1.0931	1.5480
29	7.2588	0.7725	0.02421	1.2946	41.3024	128.02	264.36	136.34	1.0964	1.5476
30	7.4531	0.7747	0.02358	1.2908	42.4141	129.01	264.72	135.71	1.0996	1.5472
31	7.6513	0.7770	0.02296	1.2870	43.5501	130.00	265.07	135.07	1.1028	1.5469
32	7.8534	0.7793	0.02237	1.2832	44.7122	131.00	265.42	134.42	1.1060	1.5465
33	8.0594	0.7817	0.02179	1.2793	45.8998	131.99	265.77	133.78	1.1092	1.5462
34	8.2693	0.7840	0.02123	1.2755	47.1132	132.99	266.11	133.12	1.1124	1.5458
35	8.4833	0.7864	0.02068	1.2716	48.3545	133.99	266.45	132.46	1.1156	1.5455
36	8.7013	0.7889	0.02015	1.2677	49.6220	135.00	266.79	131.80	1.1188	1.5451
37	8.9235	0.7913	0.01964	1.2637	50.9185	136.00	267.12	131.12	1.1220	1.5448
38	9.1498	0.7938	0.01914	1.2598	52.2440	137.01	267.45	130.44	1.1252	1.5444
39	9.3804	0.7963	0.01866	1.2558	53.5982	138.02	267.78	129.76	1.1284	1.5441
40	9.6152	0.7989	0.01819	1.2517	54.9817	139.03	268.10	129.07	1.1316	1.5437
41	9.8543	0.8015	0.01773	1.2477	56.3969	140.05	268.42	128.37	1.1347	1.5434
42	10.0978	0.8041	0.01729	1.2436	57.8444	141.07	268.73	127.67	1.1379	1.5430
43	10.3457	0.8068	0.01686	1.2395	59.3233	142.09	269.04	126.95	1.1411	1.5427
44	10.5981	0.8095	0.01644	1.2354	60.8343	143.11	269.35	126.24	1.4443	1.5423
45	10.8550	0.8122	0.01603	1.2312	62.3798	144.14	269.65	125.51	1.1474	1.5419
46	11.1164	0.8150	0.01563	1.2270	63.9608	145.17	269.95	124.78	1.1506	1.5416
47	11.3824	0.8178	0.01525	1.2228	65.5761	146.20	270.24	124.04	1.1538	1.5412
48	11.6532	0.8207	0.01487	1.2185	67.2276	147.24	270.52	123.29	1.1569	1.5408
49	11.9286	0.8236	0.01451	1.2142	68.9170	148.28	270.81	122.53	1.1601	1.5404
50	12.2088	0.8265	0.01416	1.2099	70.6432	149.32	271.09	121.77	1.1632	1.5401
51	12.4939	0.8295	0.01381	1.2056	72.4093	150.36	271.36	120.99	1.1664	1.5397
52	12.7838	0.8325	0.01347	1.2012	74.2150	151.41	271.63	120.21	1.1696	1.5393
53	13.0786	0.8356	0.01315	1.1967	76.0627	152.47	271.89	119.42	1.1727	1.5389
54	13.3784	0.8387	0.01283	1.1923	77.9533	153.52	272.15	118.62	1.1759	1.5385
55	13.6833	0.8419	0.01252	1.1877	79.8855	154.58	272.40	117.81	1.1790	1.5381
56	13.9933	0.8452	0.01222	1.1832	81.8629	155.65	272.64	117.00	1.1822	1.5376
57	14.3084	0.8485	0.01192	1.1786	83.8866	156.72	272.88	116.17	1.1854	1.5372
58	14.6287	0.8518	0.01163	1.1740	85.9579	157.79	273.12	115.33	1.1885	1.5368
59	14.9542	0.8552	0.01135	1.1693	88.0781	158.87	273.35	114.48	1.1917	1.5363
60	15.2851	0.8587	0.01108	1.1646	90.2471	159.95	273.57	113.62	1.1949	1.5359
61	15.6213	0.8622	0.01081	1.1598	92.4677	161.04	273.79	112.75	1.1980	1.5354
62	15.9630	0.8658	0.01055	1.1550	94.7429	162.13	274.00	111.86	1.2012	1.5350
63	16.3101	0.8695	0.01030	1.1501	97.0727	163.23	274.20	110.97	1.2044	1.5345
64	16.6628	0.8732	0.01005	1.1452	99.4588	164.33	274.40	110.06	1.2076	1.5340
65	17.0210	0.8770	0.00981	1.1402	101.9026	165.44	274.58	109.14	1.2108	1.5335
66	17.3849	0.8809	0.00958	1.1352	104.4078	166.56	274.77	108.21	1.2140	1.5330
67	17.7545	0.8849	0.00935	1.1301	106.9744	167.68	274.94	107.26	1.2172	1.5325
68	18.1299	0.8889	0.00912	1.1249	109.6060	168.80	275.11	106.30	1.2204	1.5320
69	18.5112	0.8931	0.00890	1.1197	112.3049	169.94	275.26	105.33	1.2236	1.5314
70	18.8983	0.8973	0.00869	1.1144	115.0732	171.08	275.41	104.34	1.2268	1.5309

- Waschwassereintrittstemperatur, dessen Austrittstemperatur und die Rauchgasaustrittstemperatur sind gleich.
- Der Enthalpieinhalt des gasförmigen und des gelösten SO_2 sind gleich.
- Das austretende Rauchgas ist mit Wasser gesättigt.
- Die Konzentrationsänderung der Waschlösung im Wäscher ist für diese Problemstellung vernachlässigbar; sie kann als reines Wasser angesehen werden.
- Der Druck im gesamten System beträgt 1 bar.

Weitere Angaben:

Rohgas: 600.000 Nm^3/h
Wasserdampftaupunkt 70 °C
4 g SO_2/Nm^3
3 Vol% O_2
17 Vol% CO_2

Wäscher: 90 % des SO_2 entfernt
keine Auswaschung von CO_2, O_2 und N_2
isothermer Betrieb bezüglich des Waschwassers

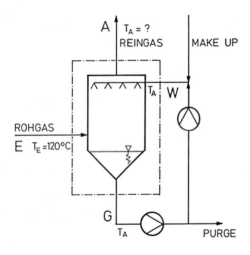

Abb. 8.4: Verfahrensschema zur Rauchgaswäsche

Lösung:

Die aus der Abkühlung der Luft freiwerdende Energie dient dazu, Wasser aus der Waschlösung zu verdunsten.

1.
Abb. 8.4 zeigt das Verfahrensfließbild

8.2 Offene Systeme

2.
Die Bilanzgrenze ist in Abb. 8.4 eingezeichnet. Auf Grund der getroffenen Vereinfachungen kann Purge und Make up außerhalb angenommen werden.

3.
Die Berechnungsbasis ist mit 600.000 Nm³/h gegeben.

4.
Es könnte, da keine Reaktion auftritt, sowohl mit kg als auch mit kmol gerechnet werden. Wegen der gegebenen Zusammensetzung in Vol% (entsprechend Mol%) werden kmol, h und °C als Basiseinheiten gewählt.

5.
Die Bilanzgleichungen lassen sich nicht von vornherein aufstellen, da die H_2O-Konzentration im Reingas durch dessen Temperatur bestimmt ist. Eine gemeinsame Lösung der Stoff- und Energiebilanzen ist somit nötig. Da dies geschlossen nicht möglich ist, muß über eine Schätzung von T_A und eine darauffolgende Verbesserung eine Lösung gefunden werden.

Es ist vorteilhaft, vor Beginn der Rechnung alle Mengen auf Molenströme umzurechnen.

Rohgas:

Gesamtmenge:	E_{tot}	= 600.000/22,41383	= 26.769 kmol/h
CO_2:	E_{CO_2}	= 26.769 · 0,17	= 4.551 kmol/h
O_2:	E_{O_2}	= 26.769 · 0,03	= 803 kmol/h
H_2O:	E_{H_2O}	= 26.769 · 0,312	= 8.352 kmol/h
SO_2:	E_{SO_2}	= 0,004 · 600.000/64	= 37,5 kmol/h
N_2:	E_{N_2}	= 26.769 − 4.552 − 803 − 8.351 − 38	= 13.026 kmol/h

Reingas:

Gesamtmenge:	A_{tot}		= ?
CO_2:	A_{CO_2}	= E_{CO_2}	= 4.551 kmol/h
O_2:	A_{O_2}	= E_{O_2}	= 803 kmol/h
H_2O:	A_{H_2O}	= E_{H_2O} + (W − G)	= ?
SO_2:	A_{SO_2}	= E_{SO_2} · 0,1	= 4 kmol/h
N_2:	A_{N_2}	= E_{N_2}	= 13,026 kmol/h

Wärmebilanz:

$\Delta H_A + \Delta H_G - \Delta H_E - \Delta H_W = 0$

W und G unterscheiden sich um die verdunstete Wassermenge W.

$W - G = \Delta W$

$\Delta H_W - \Delta H_G = \Delta H_{\Delta W}$

Die Enthalpien können aus Tabellen abgelesen werden (Anhang 3) oder – hier wegen der geringen Temperaturdifferenz vorteilhaft – mittels der spezifischen Wärmekapazitäten gerechnet werden.

$\Delta H = c_p \cdot \Delta T \quad \dfrac{kJ}{kmol\ K} \cdot K = \dfrac{kJ}{kmol}$

Die Basistemperatur kann beliebig – z.B. bei 0 °C – angenommen werden, jedoch muß sie – wie die dazugehörige Phase – einheitlich beibehalten werden. Somit erhält man:

$\Delta H_A = \sum N_{i,A} \cdot c_{pi} (T_A - 0) + \sum N_{i,A} \cdot \Delta H_{v,0}$

$\Delta H_E = \sum N_{i,E} \cdot c_{pi} (120 - 0) + \sum N_{i,A} \cdot \Delta H_{v,0}$

$\Delta H_{\Delta W} = W \cdot C_{H_2O} (T_A - 0) + \sum N_{i,A} \cdot \Delta H_{v,0}$

H_E läßt sich sofort ermitteln, wenn die spezifischen Wärmekapazitäten der Gase bekannt sind:

Substanz	Molmasse	spez. Wärme kJ/kg K	spez. Wärme kJ/kmol K	Verd. Wärme kJ/kg
CO_2	44,0	0,846	37,22	0
O_2	32,0	0,913	29,22	0
H_2O Gas	18,0	1,842	33,16	45018
H_2O	18,0	4,18	75,24	0
SO_2	64,1	0,607	38,91	0
N_2	28,0	1,038	29,06	0

$\Delta H_E = 4.551 \cdot 37,22 \cdot 120 +$
$\quad + 803 \cdot 29,22 \cdot 120 +$
$\quad + 8.352 \cdot 33,16 \cdot 120 + 8.352 \cdot 45.018 +$
$\quad + 37,5 \cdot 38,91 \cdot 120 +$
$\quad + 13.025 \cdot 29,06 \cdot 120 = 477.965.050\ kJ/h$

Zur Ermittlung von ΔH_A und $\Delta H_{\Delta W}$ muß T_A geschätzt werden.

8.2 Offene Systeme

1. Schätzung: $T_A = 75\ °C$

Reingas: $y_{H_2O} = 0{,}385$

$4 + 4.551 + 803 + 13.025 = A_{tot} \cdot (1 - 0{,}385)$

$A_{tot} = 18.383/0{,}615 = 29.891$

$A_{H_2O} = 29.891 \cdot 0{,}385 = 11.508$

$\Delta W = W - G = A_{H_2O} - E_{H_2O} = 11.508 - 8.352 = 3.156\ kmol/h$

$\Delta H_{\Delta W} = 3156 \cdot 4{,}18 \cdot 75 \cdot 18 = 17.809.308\ \dfrac{kJ}{h}$

$\Delta H_A = 4.551 \cdot 37{,}22 \cdot 75\ +$
$\quad +\quad 803 \cdot 29{,}22 \cdot 75\ +$
$\quad + 11.509 \cdot 33{,}16 \cdot 75\ +\ 11.509 \cdot 45.018\ +$
$\quad +\quad\ \ 4 \cdot 38{,}91 \cdot 75\ +$
$\quad + 13.025 \cdot 29{,}06 \cdot 75\ =\ 589.598.597$

Bilanz: $\Delta H_A - \Delta H_E - \Delta H_{\Delta W} \stackrel{?}{=} 0$

$\Delta H_B = 589.598.597 - 477.964.252 - 17.809.308 = 93.824.239 \neq 0$

Die Austrittstemperatur wurde offensichtlich zu hoch geschätzt. Ein neuerlicher Versuch mit $T_A = 72\ °C$ ergibt $\Delta H_B = 6.986.724$.

Der dritte Wert kann graphisch aus den beiden ersten ermittelt werden (Abb. 8.5). Eine genaue Nachrechnung ist zu empfehlen; der graphisch ermittelte Wert von 71,76 °C kann als Startwert dienen.

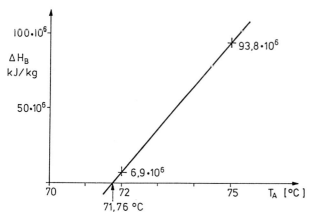

Abb. 8.5: Graphische Ermittlung der Austrittstemperatur

8.3 Analyse der Freiheitsgrade

Die Notwendigkeit, die Energiebilanzen zu erfüllen, ist eine weitere Beziehung in der Tabelle der Freiheitsgrade.

Beispiel 8.3: Freiheitsgrade der Rauchgaswäsche

Bestimmen Sie die Freiheitsgrade nach den Angaben von Beispiel 8.2.

	Wäscher		Bemerkungen
Stromvariable	14		SO_2 im Waschw. nicht berücksichtigt
Stoffbilanzen	5		SO_2, N_2, O_2, H_2O, N_2
Wärmebilanz	1		
geg. Konzentrationen	4		Eintritt: SO_2, O_2, CO_2, H_2O
SO_2-Auswaschung	1		90 %
Wassersättigung	1		im Reingas als Bedingung
Basis	2		Wasser nicht benutzt bzw. berechnet
	14	−14	
Freiheitsgrade		0	

Die Energiebilanz stellt also nur eine weitere Bedingung dar. Wie bereits erkannt, ist das System bestimmt und kann gelöst werden.

8.4 Zusammenfassung

Die Energiebilanz stellt bei Prozeßberechnungen, trotz der vielen Arten, in denen Energie in Erscheinung tritt, nur eine weitere Bilanzgleichung. Da in den seltensten Fällen eine geschlossene, einheitliche und analytisch lösbare Darstellung der Stoff- und Wärmebilanzen möglich ist, ist man gezwungen, eine aufeinanderfolgende, unter Umständen iterative Lösung der Gleichungen vorzunehmen. Besteht keine Rückwirkung der Temperaturen und Energieströme auf die Massenbilanz, läßt sich diese, wie in den Abschnitten 4 und 6 beschrieben, unabhängig lösen.

Besteht jedoch eine Rückwirkung, ist es erforderlich, iterativ, im allgemeinen über die Schätzung entsprechender Temperaturen, die Stoff- und Energiebilanzen zu lösen.

Kapitel 9 Wärmebilanzen im stationären System mit chemischer Reaktion

Das Kernstück beinahe jedes verfahrenstechnischen Prozesses ist eine chemische Umwandlung und fast ausnahmslos ist diese mit Wärmeeffekten verbunden. Die Berechnung der Stoff- und Wärmebilanzen eines solchen Vorganges stellt somit die allgemeine Form des Problems dar, besonders wenn man gezwungen ist, instationäre Vorgänge zu beschreiben.

Da selten eine geschlossene Formulierung des gesamten Gleichungsapparates möglich bzw. sinnvoll ist, werden im allgemeinen Stoff- und Wärmebilanzen hintereinander gelöst. In Fällen, wo eine Abhängigkeit der Stoffbilanz von den Wärmeeffekten besteht, wie sie z.B. über Gleichgewichte oder Umsatzzahlen bestehen kann, ist eine iterative Berechnung erforderlich. Dies wurde – für den Fall der Bilanzierung ohne chemische Reaktion – im vergangenen Abschnitt gezeigt und ist in gleicher Weise hier gültig.

Die Energiebilanzen lassen sich – beim Vorliegen chemischer Reaktionen – entweder über die Bildungsenergien und fühlbaren Wärmen der ein- und austretenden Ströme berechnen, oder über die bei der Reaktion auftretenden Reaktionsenthalpien. Eine wichtige Anwendung von Stoff- und Wärmebilanzen mit chemischer Reaktion sind Verbrennungsrechnungen, die deshalb in einem eigenen Abschnitt besprochen werden.

9.1 Berechnungen mit Reaktionsenthalpien

Die Wärme, die bei einer chemischen Reaktion angegeben oder aufgenommen wird, entspricht der Reaktionsenthalpie ΔH_R, sofern folgende Bedingungen eingehalten werden:

– Stationäre Bedingungen,
– definierte Bilanzgrenzen,
– keine Arbeitsleistung,
– Änderungen der potentiellen und kinetischen Energie vernachlässigbar.

ΔH_R bezeichnet die Enthalpie der Produkte abzüglich der Enthalpie der Einsatzstoffe, so daß ΔH_R sowohl positiv als auch negativ sein kann (Tab. 9.1).

Tab. 9.1: Vorzeichengebung bei Reaktionsenthalpien

Reaktionstyp	Vorzeichen ΔH_R	Richtung des Wärmeflusses
endotherm	+	von der Umgebung zur Reaktion
exotherm	−	von der Reaktion in die Umgebung

Die Enthalpieänderung einer isotherm ablaufenden chemischen Reaktion ist somit als

$$\Delta H_R = \sum_{j=1}^{k} v_j \, \Delta h_i \tag{9.1}$$

definiert, wobei v_j die stöchiometrischen Faktoren und h_j die molaren Enthalpien darstellen. Die Summation erfolgt über alle k an der Reaktion teilnehmenden Stoffe. Die Wahl des Nullpunktes der Enthalpien ist beliebig, wurde jedoch einer gewählt, muß er für alle an der Reaktion teilnehmenden Substanzen verwendet werden. Üblicherweise wird den Elementen bei 25 °C und 1,01325 bar (1 atm), eventuell auch bei 0 K und 1,01325 bar der Enthalpiewert Null zugewiesen. Kann ein Element bei diesen Bedingungen in verschiedenen Phasen oder Kristallstrukturen bestehen, wählt man die häufigste Form. Unter diesen Umständen ist der Enthalpieinhalt jeden Stoffes bei 25 °C gleich der Reaktionswärme der Bildungsreaktion dieses Stoffes aus den Elementen bei dieser Temperatur.

ΔH_R ist zugleich die Wärmemenge, die abgeführt bzw. zugeführt werden muß, will man die Reaktion bei einer konstanten Temperatur ablaufen lassen. Wie aus obiger Darstellung ersichtlich ist, hängt die Reaktionswärme nicht nur von den teilnehmenden Substanzen, der Stöchiometrie, von Druck und Temperatur ab, sondern auch vom Phasenzustand der Reaktionspartner. Es ist deshalb notwendig, den Phasenzustand in der Reaktionsgleichung mit anzugeben, wie z.B.

$$C_{(s)} + H_2O_{(g)} \Leftrightarrow CO_{(g)} + H_{2(g)}$$

oder

$$C_{(s)} + H_2O_{(l)} \Leftrightarrow CO_{(g)} + H_{2(g)}$$

s . . . . fest, solid
g . . . . gasförmig
l . . . . flüssig, liquid
aq . . . . wäßrige Lösung

Die Reaktionswärmen für obige Reaktionen sind naturgemäß unterschiedlich.

Da die Reaktionsenthalpien Enthalpiedifferenzen sind, ist ihre Einheit die einer Energie, im SI-System also J bzw. kJ. Es ist zu beachten, daß sich die Reaktionsenthalpie mit den stöchiometrischen Koeffizienten ändert! So findet man z.B.

9.1 Berechnungen mit Reaktionsenthalpien

$$C + \frac{1}{2} O_2 = CO \qquad \Delta H_R = -110 \text{ kJ}$$

oder

$$2C + O_2 = 2CO \qquad \Delta H_R = -220 \text{ kJ}$$

Reaktionswärmen hängen also von Druck, Temperatur, Phase und Stöchiometrie ab. Da es unmöglich ist, abhängig von allen diesen Variablen Tabellen zu erstellen, ist es oft erforderlich, Umrechnungen auf andere Zustände durchzuführen. Ähnlich wie in Kapitel 7 die Umrechnung der Verdampfungswärme auf andere Temperaturen gezeigt wurde, läßt sich für die Reaktionswärme folgender Ansatz aufstellen:

$$\Delta H_{R,T} = \Delta H_{R,T0} + \sum_{j=1}^{k} v_j \int_{T0}^{T} c_j \cdot dT \qquad (9.2)$$

Dieser Ansatz gilt jedoch nur, wenn die Phasen aller teilnehmenden Spezies bei T und T0 gleich sind. Ansonsten ist die Änderung des Energieinhaltes bei der Phasenänderung ΔH_{lv} mitzuberücksichtigen.

$$\Delta H_{R,T} = \Delta H_{R,T0} + \sum_{j=1}^{k} v_j \left(\int_{T0}^{T_{lv}} c_{j,l} \cdot dT + \Delta H_{lv} + \int_{T_{lv}}^{T} c_{j,v} \, dT \right) \qquad (9.3)$$

Anstatt des Integrales über c·dT können, deren Kenntnis vorausgesetzt, auch die Enthalpiedifferenzen $h_T - h_0$ eingesetzt werden.

Beispiel 9.1: Umrechnung von Reaktionswärmen

Die Reaktionswärme der Reaktion

$$4 \, NH_{3(g)} + 5 \, O_{2(g)} \Leftrightarrow 4 \, NO_{(g)} + 6 \, H_2O_{(l)}$$

bei 1 bar und 25 °C ist –1169 kJ. Die Reaktionswärme bei 900 °C, 1 bar und H_2O in der Dampfphase ist zu berechnen.

Lösung:

Der Druck bleibt gleich, somit ist die Temperaturerhöhung und die Phasenänderung des Wassers zu berücksichtigen.

$$\Delta H_{R,900} = \Delta H_{R,25} - 4 \, (h_{NH_3, 900, g} - h_{NH_3, 25, g}) - 5 \, (h_{O_2, 900, g} -$$

$$h_{O_2, 25, g}) + 4 \, (h_{NO, 900, g} - h_{NO, 25, g}) + 6 \, (h_{H_2O, 900, g} - h_{H_2O, 25, l})$$

Ausgedrückt durch spezifische Wärmekapazitäten erhält man:

$$\Delta H_{R,900} = \Delta H_{R,25} - 4\int_{25}^{900} c_{NH_3}\, dT - 5\int_{25}^{900} c_{O_2}\, dT + 4\int_{25}^{900} c_{NO}\, dT +$$

$$+ 6\int_{25}^{100} c_{H_2O,l}\, dT + \Delta H_{lv, H_2O, 100} + \int_{100}^{900} c_{H_2O,v}\, dT$$

Als Ergebnis der Berechnung erhält man $\Delta H_{R,900} = 906$ kJ.

Mit Reaktionsenthalpien rechnet man häufig bei Verbrennungsvorgängen, vor allem bei Substanzen mit unklar definiertem Molekülaufbau, wie z.B. bei Holz und Kohle. Hier sind die Bildungsenthalpien nicht zuzuordnen. Auf Verbrennungsrechnungen wird in Abschnitt 9.3 noch genauer eingegangen.

9.2 Berechnungen mit Bildungsenthalpien

Um die Vielzahl zu tabellierenden Reaktionsenthalpien einzuschränken, hat man sich auf die Erfassung der Bildungsenthalpien konzentriert. Die Bildungsreaktion ist jene, bei der 1 mol einer Substanz aus den Elementen gebildet wird. So lautet die Bildungsreaktion für CH_3OH

$$C_{(s)} + \frac{1}{2} O_2 + 2\, H_2 \Rightarrow CH_3OH.$$

Die Standardbildungswärme ΔH_B^0 ist nun die Reaktionsenthalpie bei der Herstellung dieses einen Moles aus den Elementen in ihren Standardzuständen bei 25 °C (bzw. 0 K) und 1,01325 bar.

$$C_{(s)} + \frac{1}{2} O_{2(g)} + 2\, H_{2(g)} \Rightarrow CH_3OH_{(l)}$$

Die Reaktionsenthalpie einer beliebigen chemischen Umsetzung lautet nun

$$\Delta H_R = \sum_{j=1}^{k} j\, \Delta H_B^0,$$

wobei der laufende Index j nur die Reaktionspartner bzw. -produkte durchlaufen muß, die keine Elemente sind.

Beispiel 9.2: Berechnung der Reaktionsenthalpie

Es ist die Reaktionsenthalpie der Methanbildungsreaktion aus den Normalbildungsenthalpien zu berechnen.

$$CO_{(g)} + 3\, H_{2(g)} \Rightarrow CH_{4(g)} + H_2O_{(g)}$$

9.2 Berechnungen mit Bildungsenthalpien

Lösung:

Aus den Tabellen im Anhang erhält man:

CH$_4$: ΔH_B^0 = −74,90 kJ/mol

H$_2$O: ΔH_B^0 = −241,99 kJ/mol

CO: ΔH_B^0 = −110,60 kJ/mol

H$_2$: ΔH_B^0 = 0 kJ/mol

Und somit: ΔH_B^0 = −206,29 kJ/mol

Für viele Berechnungen ist es nicht erforderlich, die Reaktionswärmen explizit auszurechnen. In diesen Fällen kann man über die Bildungswärmen und die fühlbaren Wärmen (Wärmeinhalt) der Substanzen Wärmeströme direkt berechnen.

Beispiel 9.3: Wärmebilanz eines Schachtofens

Ein vertikaler Schachtofen wird mit reinem Kalkstein (CaCO$_3$) und reinem Koks (C), beides bei einer Temperatur von 25 °C, beschickt. Trockene Luft (25 °C) wird am Boden eingeblasen, um den Koks zu CO$_2$ zu verbrennen, wodurch die nötige Hitze aufgebracht wird, um das Karbonat zu zerlegen. Der Kalk (CaO) verläßt den Boden des Ofens mit 510 °C und enthält keinen Kohlenstoff oder CaCO$_3$. Die Ofengase treten mit 310 °C und ohne freien Sauerstoff aus. Das Molverhältnis von CaCO$_3$ zu C im Einsatz ist mit 1,2 zu 1 bekannt. Zu berechnen ist die Analyse des Abgases und der Wärmeverlust des Ofens pro kmol des eingesetzten Kokses.

Folgende spezifische Wärmekapazitäten und Bildungsenthalpien sind bekannt:

N$_2$ c_p = 29,4 kJ/kmol K ΔH_B^0 = 0

CaCO$_3$ c_p = 101,3 kJ/kmol K ΔH_B^0 = −1.207.000 kJ/kmol

CaO c_p = 51,5 kJ/kmol K ΔH_B^0 = −635.900 kJ/kmol

C (Koks) c_p = 15,6 kJ/kmol K

CO$_2$ c_p = 41,8 kJ/kmol K ΔH_B^0 = −393.780 kJ/kmol

Zusätzlich ist der Heizwert von Koks mit 406.879,2 kJ/kmol gegeben.

Lösung:

Im Schachtofen laufen zwei Reaktionen ab:

C + O$_2$ $\Rightarrow$ CO$_2$

CaCO$_3$ $\Rightarrow$ CaO + CO$_2$

Die Stoffbilanzen können in diesem Falle unabhängig von den Wärmebilanzen gelöst werden.

1.
Fließbild; die Anlage besteht nur aus einem Reaktor.

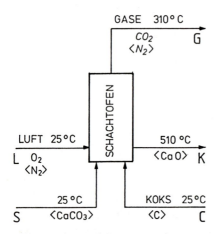

Abb. 9.1: Schachtofen zur CO_2-Herstellung

2.
Bilanzgrenzen; fünf Ströme durchschneiden die Bilanzlinie um den Ofen.

3.
Die Berechnungsbasis ist frei, z.B. 1 kmol C/h.

4.
Die Bilanzierung erfolgt auf Basis Moleküle.

Vor dem Aufstellen der Berechnungsgleichungen werden die Freiheitsgrade analysiert:

	Ofen	
Stromvariable	7	
Reaktionen	2	
Bilanzen	6	
$CaCO_3$/C	1	
Zusammensetzung (Luft)	1	
Basis	1	
	9	–9
Freiheitsgrade		0

9.2 Berechnungen mit Bildungsenthalpien

Das Problem ist korrekt bestimmt. Die Umsätze der Reaktionen (100 % O_2 verbraucht, 100 % $CaCO_3$ verbraucht) spiegelt sich in den Stromvariablen wider (kein O_2 in G, kein CaO in K).

Die Durchrechnung der Bilanzen ergibt eine Abgasmenge von 5,96 kmol/h mit einer molaren Zusammensetzung von 36,91 % CO_2 und 63,90 % N_2.

An der Enthalpiebilanz sind nun drei Energieströme beteiligt:

* $\sum \Delta H_{Ein}$ . . . . . . Enthalpien der eintretenden Ströme L, S und C
* $\sum \Delta H_{Aus}$ . . . . . . Enthalpien der austretenden Ströme G und K
* $\dot{Q}_V$ . . . . Wärmeverluste der Anlage.

Auf Grund des Energieerhaltungssatzes muß gelten:

$$\sum \Delta H_{Aus} + \dot{Q}_V - \sum \Delta H_{Ein} = 0$$

bzw.

$$\dot{Q}_V = \sum \Delta H_{Ein} - \sum \Delta H_{Aus}$$

Die Enthalpien der Ströme setzten sich aus der Bildungsenthalpie und dem Wärmeinhalt zusammen; potentielle und kinetische Energie wird vernachlässigt. Aus praktischen Überlegungen wird als Bezugstemperatur die Eintrittstemperatur der Ströme L, S und C, also 25 °C, gewählt.

Die „Pseudo-"bildungsenthalpie des Kokses kann aus seinem Heizwert errechnet werden, wobei eben dieser Heizwert der Reaktionswärme entspricht.

$$\Delta H_{B,K}^o - \Delta H_R = \Delta H_{B, CO_2}$$

$$\Delta H_{B,K}^o - 406.879{,}2 = -393.780$$

$$\Delta H_{B,K}^o = 13.099{,}2$$

a) Eintretende Energien:

Komponente	Menge n_j kmol/h	Temp. °C	ΔH_B^0 kJ/kmol	ΔH_T^0 kJ/kmol	$\sum n_j \Delta H$ kJ/h
$CaCO_3$	1,2	25	−1.207.000	−	−1.448.400
Koks	1,0	25	13.099	−	13.099
O_2	1,0	25	−	−	0
N_2	3,76	25	−	−	0
$\sum$					−1.435.301

b) Austretende Energien:

Komponente	Menge n_j kmol/h	Temp. °C	ΔH_B^0 kJ/kmol	ΔH_T^0 kJ/kmol	$\Sigma n_j \Delta H$ kJ/h
CaO	1,2	510	−635.900	25.000	−733.080
CO$_2$	2,2	510	−393.780	11.900	−839.960
N$_2$	3,76	510	−	8.400	+ 31.584
Σ					−1.541.456

c) Wärmebilanz:

$$\dot{Q}_v = -1.435.301 + 1.541.456 = 106.155 \text{ kJ/kmol C}$$

Die Reaktionsenthalpien der beiden chemischen Umwandlungsprozesse wurden für die Berechnung nicht benötigt. Dies ist auch deshalb von Vorteil, weil man sonst wissen müßte, bei welchen Temperaturen die Reaktionen effektiv ablaufen.

9.3 Verbrennungsreaktionen

Verbrennungswärmen sind eine Art häufig tabellierter Reaktionsenthalpien. Besonders für organische Medien läßt sich die Verbrennungswärme – auch Heizwert genannt – leicht messen. Im Gegensatz zu den üblichen Reaktionswärmen ist der Heizwert meist nicht auf ein Mol, sondern auf eine technische Basiseinheit (kg, Liter, m^3) der reagierenden Substanz bezogen.

Folgende Ausdrücke haben sich eingebürgert:

– Heizwert (unterer) ΔH_u, die Reaktionsenthalpie eines Stoffes bei vollständiger stöchiometrischer Oxidation aller brennbaren Bestandteile, wobei H$_2$O in den Reaktionsprodukten gasförmig vorliegt; gleichzeitig die Wärme, die dem Vorgang entzogen werden kann, wenn die Verbrennungsprodukte auf die einheitliche Einsatztemperatur aller Ausgangsstoffe abgekühlt werden, ohne daß Wasser auskondensiert.

– Brennwert (oberer Heizwert) ΔH_o, die Reaktionsenthalpie eines Stoffes bei vollständiger, stöchiometrischer Oxidation, wobei berücksichtigt wird, daß ein Teil des Wassers – entsprechend dem Dampfdruck in den Verbrennungsgasen – flüssig anfällt; die Differenz Brennwert-Heizwert entspricht der Kondensationswärme des ausfallenden Wassers.

– Adiabate Flammentemperatur, die Temperatur der Verbrennungsprodukte, wenn keine Energie nach außen abgegeben wurde; die gesamte Reaktionsenthalpie wurde in fühlbare Wärme der Abgase umgewandelt.

– Luftüberschußzahl λ, Verhältnis der tatsächlichen zur Verbrennung angebotenen Sauerstoffmenge zur stöchiometrisch erforderlichen.

– Wirkungsgrad der Feuerung, Prozentsatz des genutzten Wärmeinhaltes der Abgase einer Feuerung bezogen auf den unteren Heizwert.

9.3 Verbrennungsreaktionen

Die Berechnung von Vergasungen erfolgt wie die von Verbrennungen.

Beispiel 9.4: Partielle Oxidation von Benzin

Berechnung der adiabatischen Flammentemperatur bei der partiellen Oxidation von Benzin mit O_2 (Vergasung) (Abb. 9.2).

Abb. 9.2: Vergasung von Benzin

Basis: 100 kg Benzin/h (Annahme: n-Hexan C_6H_{14})

Bezugszustand: Enthalpie bei 25 °C = 0, Benzin flüssig, Wasserdampf gasförmig

Enthalpie und Menge der eintretenden Stoffe (vgl. Anhang):

Stoff	Menge kmol/h	Temp. K	Bildungsw. $\Delta H_B^0{}_{298}$ kJ/kmol	Wärmeinhalt bei T K kJ/kmol	Wärmeinhalt bei 298 K kJ/kmol	ΔH kJ/h
Benzin	1,1628	298	−198.800	*	*	−231.165
O_2	3,9286	509	0	14.900	8.666	+ 24.491
N_2	0,0825	509	0	14.800	8.676	505
Ar	0,1240	509	0	10.600	6.200	546
H_2	1,9444	519	−241.990	17.500	9.913	−455.733
Σ						−661.196

Da die Temperatur für den Benzin gleich der Bezugstemperatur ist (T = 298 K), kann die Ermittlung von ΔH_T und ΔH_{298} unterbleiben.

Lösung:

Da keine Wärme aus der Oxidationszone abgeführt wird, muß die gesamte Reaktionsenthalpie im Rauchgas enthalten sein. Dessen Temperatur muß vorerst geschätzt und später iterativ verbessert werden.

Die Summe der eintretenden Enthalpien beträgt −661.396 kJ/h. Eine erste Schätzung der adiabaten Flammentemperatur liegt bei 1.400 K.

Enthalpie der Produkte bei 1.400 K:

Stoff	Menge kmol/h	Temp. K	Bildungsw. $\Delta H_{B\ 298}^{0}$ kJ/kmol	Wärmeinhalt bei T K kJ/kmol	Wärmeinhalt bei 298 K kJ/kmol	ΔH kJ/h
CO_2	0,6883	1.400	–393.780	65.360	9.371	–232.502
CO	6,0036	1.400	–110.600	44.049	8.678	–451.645
H_2	7,3912	1.400	0	41.569	8.473	244.619
H_2O	2,4213	1.400	–241.990	53.394	9.913	–480.650
CH_4	0,0580	1.400	–74.900	79.926	10.036	–291
H_2S	0,0009	1.400	–20.090	74.800	10.020	40
COS	0,0001	1.400	–146.510	72.641	13.800	–9
N_2	0,0825	1.400	0	43.649	8.676	2.885
Ar	0,1240	1.400	0	29.121	6.200	2.842
C	0,2500	1.400	0	21.957	1.053	5.236
Σ						–909.483

Die Vergasungsprodukte führen bei 1.400 K 248.097 kJ/h zu wenig Energie ab. Die nächste Schätzung muß somit etwas höher liegen, z.B. bei 1.500 K. In obiger Tabelle braucht nur die Spalte für ΔH_T neu berechnet werden, da sich die Stoffbilanz nicht ändert.

T = 1.500 K

	ΔH_T	ΔH
CO_2	71.102	–228.487
CO	47.554	–430.602
H_2	44.774	268.308
H_2O	57.979	–469.548
CH_4	88.467	205
H_2S	79.708	45
COS	78.921	–8
N_2	47.117	3.171
Ar	31.202	3.100
C	24.342	5.823
		–847.994

Auch diese Temperatur ist noch zu niedrig.

9.3 Verbrennungsreaktionen

T = 1.750 K	ΔH_T	ΔH
CO_2	86.018	–218.283
CO	56.448	–377.206
H_2	52.980	328.960
H_2O	69.848	–440.810
CH_4	111.467	1.539
H_2S	96.117	59
COS	93.994	–7
N_2	55.925	3.898
Ar	33.888	3.433
C	30.480	7.357
		–691.059

Die Ermittlung der adiabatischen Flammentemperatur erfolgt mit Hilfe eines H-T-Diagrammes (Abb. 9.3).

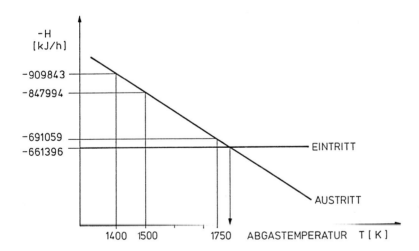

Abb. 9.3: H-T-Diagramm zur Ermittlung der adiabaten Flammentemperatur

Der aus den drei Rechnungen ermittelte Wert von 1.790 °C für die adiabate Flammentemperatur, kann als nächster Schätzwert zur weiteren genaueren Berechnung genommen werden.

9.4 Zusammenfassung

Die Kenntnis von Bildungsenthalpien ermöglicht die Erstellung von Wärmebilanzen auch dann, wenn die Reaktionsenthalpien unbekannt sind. Mit ihrer Hilfe läßt sich die Wärmetönung einer Reaktion bei beliebigen Zuständen – Temperatur, Druck, Phase – aus den Enthalpiedaten berechnen.

Für Substanzen mit unklar definierter Bildungsenthalpie – z.B. diverse Brennstoffe – ist die Bilanzierung über die Reaktionswärmen sinnvoll. Solche Reaktionsenthalpien sind als Heizwert oft bekannt. Eine Umrechnung auf andere Produktzusammensetzungen über die Bildungswärmen ist sodann möglich.

Kapitel 10   Rechnergestützte Bilanzierung

Seit vielen Jahren gibt es eine Reihe von EDV-Programmsystemen zur Simulation und zur Auslegung verfahrenstechnischer Anlagen. Erste Programme waren in der Lage, einzelne Verfahrensschritte, wie Destillationskolonnen oder Wärmetauscher zu simulieren, aber bald gab es Pakete zur Berechnung ganzer Anlagen einschließlich der dazugehörigen Datenbanken.

Durch neue schnelle und moderne Rechner ist es heute sogar möglich, viele Probleme auf Personal Computern zu simulieren und zu lösen. So geht nun die Entwicklung zur Koppelung von Flow-Sheeting mit CAD-Programmen einerseits und zu einer wesentlich größeren Benutzerfreundlichkeit andererseits.

Flow-Sheeting-Programme gehen in ihren Fähigkeiten zum Teil weit über das hinaus, was in den vorangegangenen Kapiteln über Bilanzierung geschrieben wurde, da sie großteils auch in der Lage sind, über die Erstellung von Stoff- und Energiebilanzen hinaus Apparate zu dimensionieren. Viele von Ihnen verfügen auch über Kostenfunktionen und Wirtschaftlichkeitsberechnungen. Einen ausgezeichneten Einstieg hierfür gibt [13].

Grundsätzlich gibt es für die Berechnung verfahrenstechnischer Anlagen zwei Ansätze:

– Der sequentielle Ansatz, wo von einer Verfahrensstufe zur nächsten die Berechnung schrittweise erfolgt. Recycleströme werden hierbei aufgeschnitten, mit Schätzwerten belegt und mittels iterativer, numerischer Methoden so lange verbessert, bis die geforderte Genauigkeit erreicht ist.
– Beim gleichungsorientierten Ansatz hingegen werden, ähnlich der Methode in diesem Skriptum, alle Bilanzgleichungen aufgestellt und simultan numerisch gelöst.

Neuere Programmsysteme versuchen die Vorteile beider Methoden zu vereinen. Eine Übersicht über Methoden und Entwicklungen gibt [14].

Daneben gibt es eine Reihe von Programmsystemen mit speziellen Aufgaben, wie z.B. den Entwurf von Wärmetauschernetzwerken [15] oder Rohrleitungssystemen.

Alle diese Pakete sind relativ spezifisch bezüglich ihrer Anwendungsmöglichkeiten und meist teuer. Im folgenden soll erarbeitet werden, wie mit Hilfe von Mathematikprogrammen bilanziert werden kann. Die meisten Beispiele in diesem Buch wurden unter Einsatz eines Programmes gelöst, das in der Lage ist Gleichungssysteme mit mehreren Unbekannten zu lösen und Matrizenrechnung beherrscht. Man erspart sich somit den Schritt der analytischen Auflösung der aufgestellten Gleichungen und überläßt dies dem Algorithmus des Programmes.

Bei der Verwendung von Mathematikprogrammen kann man aber noch weiter gehen und auch die Aufstellung der Bilanzgleichungen vornehmen lassen. Spezielle Bedingungen und zusätzliche Angaben müssen natürlich immer individuell eingegeben werden. Die Struktur der Anlage wird durch eine Matrix repräsentiert, die alle Verbindungslinien und Rücklaufströme beschreibt.

Für die allgemeingültige Aufstellung der Mengenbilanz an jedem Knoten (Apparat, Splitter, Mixer, ...) werden sowohl die Ströme als auch die Knoten numeriert. Die Repräsentation aller Bilanzgleichungen ist durch folgende Matrizengleichung gegeben:

$$\mathbf{K} \cdot \mathbf{U} \cdot \mathbf{V} = \mathbf{Z} \tag{10.1}$$

K, U und **V** sind Matrizen, die in Abhängigkeit der Struktur des Fließbildes einfach aufgestellt werden können. Folgende Symbole werden verwendet:

M . . . Anzahl der Knoten
S . . . Anzahl der Ströme
K . . . Anzahl der Komponenten

Knotenmatrix K

Die Knotenmatrix **K** ist eine M * S Matrix mit den Elementen +1, −1 und 0. Ein Element auf dem Platz (k,s) hat definitionsgemäß den
Wert +1, wenn der Strom s vom Knoten k wegfließt (AUS), den
Wert −1, wenn der Strom s zum Knoten k hingerichtet ist (EIN), und den
Wert 0, wenn der Strom am Knoten k nicht beteiligt ist.

$$\mathbf{K} = \begin{bmatrix} k_{11} & k_{12} & k_{13} & & \\ k_{21} & & & & \\ k_{31} & & & & \\ & & & & k_{KS} \end{bmatrix} \tag{10.2}$$

$$k_g = [\sum k_{i1} \qquad \qquad \qquad]$$

Bildet man den Zeilenvektor k_g als Summe aller Spalten, enthält dieser ebenfalls nur die Werte 0, +1 und −1 und zwar

- −1 für alle Ströme, die in die Anlage eintreten,
- +1 für alle Ströme, die die Anlage verlassen und
- 0 für alle Ströme, die nur Knoten innerhalb der Anlage verbinden (vorwärts oder Recycle).

Strommatrix U

Die Strommengenmatrix **U** ist eine S * S-Diagonalmatrix der Gesamtströmungen (mole oder kg pro Zeiteinheit).

10 Rechnergestützte Bilanzierung

$$U = \begin{bmatrix} \phi_1 & & & & 0 \\ & \phi_2 & & & \\ & & \phi_3 & & \\ & & & \ddots & \\ 0 & & & & \phi_S \end{bmatrix}$$

(10.3)

Analysenmatrix V

V ist eine S * K-Matrix, in der jeweils der Molen- bzw. Gewichtsbruch der Komponente k im Strom s an der Stelle (k,s) steht. Ergänzt man eine Spalte in der alle Werte gleich eins sind, ergibt sich hieraus die Gesamtstoffbilanz um die Knoten.

Grundsätzlich läßt sich die Matrix V um eine weitere Spalte erweitern, in der die spezifischen Enthalpien der Ströme eingetragen sind. Aus der Matrizenmultiplikation erhält man dann auch die Energiebilanzen für Massenbilanzen. Summiert wird über die Anzahl der auftretenden, voneinander unabhängigen chemischen Reaktionen. Alle Elemente von Z, die die Gesamtstoffbilanz oder die Energiebilanz beschreiben, müssen selbstverständlich den Wert 0 besitzen, wie auch die Elemente, die Knoten ohne Reaktion beschreiben.

Die Berechnung mit Hilfe dieser Matrizenmultiplikation erfolgt nun in der Art, daß für die Elemente der Strommengenmatrix U und der Analysenmatrix V Werte vorgegeben werden, die entweder

- bekannt bzw. gemessen,
- gefordert oder
- als Schätzwerte vorgegeben werden.

$$V = \begin{bmatrix} 1 & v_{12} & & v_{1,(K+1)} \\ 1 & v_{22} & & \cdot \\ 1 & v_{32} & & \cdot \\ & \cdot & & \cdot \\ & \cdot & & \cdot \\ & \cdot & & \cdot \\ 1 & v_{S2} & & v_{S,(K+1)} \end{bmatrix}$$

(10.4)

Bildungsmatrix Z

Die Matrix Z ([M * K] bzw. [M * (K+2)]) enthält die Werte, die bei der Bilanzierung als Differenz zwischen den Ab- und Zuläufen auf jeden Knoten m bezüglich der Komponente k bestehen. Im Falle einer widerspruchsfreien, vollständigen Lösung einer Bilanz ohne chemischer Reaktion, ist Z die Nullmatrix.

Die erste Spalte enthält – für den Fall, daß die erste Spalte von V aus den Werten 1 bestand – die Abweichungen der bilanzierten Gesamtmenge am betroffenen Knoten vom Wert Null, die Spalte 2 bis (K+1) die Werte für die Komponenten und die Spalte (K+2) die Werte für die Energiebilanz.

Die zur ersten Spalte gehörigen Gleichungen sind linear, die anderen jedoch nicht.

Bilanziert man ein Problem mit chemischer Reaktion, so enthält Z an den Stellen, die einen Knoten mit chemischer Umsetzung (Reaktor) beschreiben, Terme mit dem Aussehen

$$z_{m,k} = \Sigma \, v_i \, b_i$$

für Molbilanzen, bzw.

$$z_{m,k} = \Sigma \, v_i \, b_i \, \tilde{M}_i$$

für Massenbilanzen.

Dem Lösungsalgorithmus des Programmsystems ist sodann mitzuteilen, welche Variablen – da sie nur als Startwerte vorgegeben wurden – variiert werden dürfen, um die Elemente von Z zu Null zu machen bzw. um dort, im Falle einer chemischen Reaktion, die richtigen stöchiometrischen Faktoren zu erhalten.

Ein großer Vorteil dieser Methode ist, daß eine Nachbilanzierung von Anlagen, aus den – naturgemäß – fehlerbehafteten Analysen bekannt sind, möglich ist, indem für die Elemente von Z minimale Abweichungen gesucht werden. Andererseits lassen sich Aussagen darüber treffen, ob die Meßwerte, um Z korrekt zu erhalten, nur innerhalb der Fehlergrenzen der Messung variiert werden müssen oder darüber hinaus, was auf ein grundsätzliches Problem hindeuten würde.

Beispiel 10.1: Destillation eines Lösungsmittelgemisches

Für die Anlage nach Abb. 10.1 zur Trennung eines Gemisches aus EDC, Aceton und Wasser sind die Matrizen zur numerischen Lösung des Problems aufzustellen bzw. die Bilanzgleichungen herzuleiten.

10 Rechnergestützte Bilanzierung

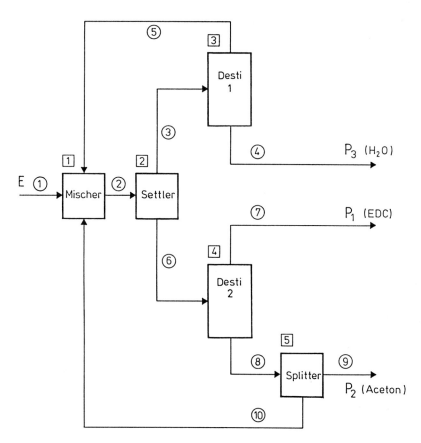

Abb. 10.1: Destillation eines Dreistoffgemisches (Verfahrensschema)

Die Trennung des Gemisches erfolgt in diesem Falle derart, daß der Einsatz (ϕ_1) mit Reinaceton (ϕ_{10}) und einem Kopfprodukt aus der Wasserkolonne (ϕ_5) vereinigt wird, daß ein Gemisch (ϕ_2) entsteht, das in einem Settler in eine wäßrige Phase (ϕ_3) und eine organische Phase (ϕ_6) zerfällt. Diese beiden Ströme werden in die Reinstoffe aufdestilliert (ϕ_4 ... Wasser, ϕ_7 ... EDC, ϕ_9 ... Aceton). Abb.10.2 zeigt das Verfahren im Dreiecksdiagramm.

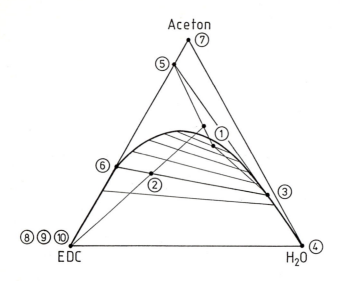

Abb. 10.2: Destillation eines Dreistoffgemisches (Dreiecksdiagramm schematisch)

Lösung:

Das Problem besteht aus

    M = 5   Knoten (Mischer, Settler, Dest.1, Dest.2, Splitter)

    S = 10 Strömen und

    K = 3   Komponenten (EDC, Aceton, Wasser)

Knotenmatrix

K ist eine 5 * 10 Matrix mit folgendem Aussehen:

	1	2	3	4	5	6	7	8	9	10
1	−1	+1	0	0	−1	0	0	0	0	−1
2	0	−1	+1	0	0	+1	0	0	0	0
3	0	0	−1	+1	+1	0	0	0	0	0
4	0	0	0	0	0	−1	+1	+1	0	0
5	0	0	0	0	0	0	0	−1	+1	+1
k_g =	−1	0	0	+1	0	0	+1	0	+1	0

Aus der Spaltensumme (k_g) ersieht man, daß nur ein Strom (Strom 1) in die Anlage strömt, und daß drei Ströme (4, 7 und 9) sie verlassen.

Gesamtstrommatrix

$$U = \begin{bmatrix} \phi_1 & & & & & & & & & 0 \\ & \phi_2 & & & & & & & & \\ & & \phi_3 & & & & & & & \\ & & & \phi_4 & & & & & & \\ & & & & \phi_5 & & & & & \\ 0 & & & & & \phi_6 & & & & \\ & & & & & & \phi_7 & & & \\ & & & & & & & \phi_8 & & \\ & & & & & & & & \phi_9 & \\ & & & & & & & & & \phi_{10} \end{bmatrix}$$

Die 10 * 10 Matrix **U** hat nur in der Hauptdiagonale Elemente, die ungleich Null sind.

Die Analysenmatrix

Entsprechend der Anzahl der Ströme hat **V** 10 Zeilen; bei 3 Komponenten enthält sie 5 Spalten, wenn Gesamtbilanzen und Energiebilanzen mitberechnet werden.

$$V = \begin{bmatrix} 1 & x_{1,EDC} & x_{1,Ac} & x_{1,H_2O} & h_1 \\ 1 & x_{2,EDC} & x_{2,Ac} & x_{2,H_2O} & h_2 \\ 1 & x_{3,EDC} & x_{3,Ac} & x_{3,H_2O} & h_3 \\ 1 & . & . & . & . \\ 1 & . & . & . & . \\ 1 & . & . & . & . \\ 1 & . & . & . & . \\ 1 & . & . & . & . \\ 1 & . & . & . & . \\ 1 & x_{10,EDC} & x_{10,Ac} & x_{10,H_2O} & h_{10} \end{bmatrix}$$

Auswertung

Die Multiplikation von **K**, **U** und **V** ergibt sämtliche Bilanzgleichungen

$$Z = K \cdot U \cdot V$$

Für erfüllte Bilanzen ist jedes Element von **Z** gleich Null, da keine chemische Reaktion auftritt.

Die Multiplikation ergibt z.B. für z_{11}

$$z_{11} = -1 \cdot \phi_1 \cdot 1 + (+1) \cdot \phi_2 \cdot 1 + 0 \cdot \phi_3 \cdot 1 + 0 \cdot \phi_4 \cdot 1 + (-1) \cdot \phi_5 \cdot 1 + \ldots$$
$$\ldots (-1) \cdot \phi_{10} \cdot 1$$

oder

$$z_{11} = -\phi_1 + \phi_2 - \phi_5 - \phi_{10}$$

Dies entspricht der Gesamtstoffbilanz am Knoten 1 (Mischer). Desgleichen erhält man

$$z_{31} = -\phi_3 + \phi_4 + \phi_5$$

entsprechend der Gesamtstoffbilanz am Knoten 3 (Destillation wäßrige Phase).

Legt man nun eine geeignete Zahl an Variablen (Mengen oder Zusammensetzungen) fest, so lassen sich die restlichen für $z_{m,k} = 0$ aus der Matrizenmultiplikation berechnen (FG = 0).

Liegen zuviele, sich eventuell widersprechende Angaben vor, sind die restlichen durch eine Fehlerminimierung auf z berechenbar (dies entspricht FG < 0).

Literaturverzeichnis

[1] *Reklaitis G.B.;* Introduction to Material and Energy Balances. John Wiley & Sons, New York, 1983

[2] *DIN, Deutsches Institut für Normung e.V.* (Hrsg.); DIN-Normen in der Verfahrenstechnik. B.G. Teubner, Stuttgart, 1989

[3] *Ulbrich H.;* VT-Hochschulkurs IV: Anlagenbau. Beilage zu Verfahrenstechnik 15 (1981) 3, XIII

[4] *Eder W., Moser F.;* Die Wärmepumpe in der Verfahrenstechnik. Springer Wien/New York, 1979

[5] *Kögl B., Moser F.;* Grundlagen der Verfahrenstechnik. Springer Verlag Wien/New York, 1981

[6] ON-Handbuch 1 „Größen und Einheiten in Physik und Technik", Österr. Normungsinstitut, Wien

[7] *Council on Environmental Quality* (Hrsg.); Global 2000, Zweitausendeins, Frankfurt/Main, 1980

[8] *Townsend D.W.;* Second Law Analysis in Practice. The Chemical Engineer (1980) 628

[9] *Alefeld G.;* Probleme mit der Exergie. BWK 40 (1988) 3, 72

[10] *Norden H.V., Pekkanen M.A.;* General Calculation Method for Stagewise Models of Mass and Heat Transfer Operations. Chem. Engng. Sci. 44 (1989) 2, 343

[11] *Aylward G.H., Findlay T.J.V.;* Datensammlung Chemie. Verlag Chemie, Weinheim 1975

[12] KALI-CHEMIE AG (Hrsg.); Kaltron-Taschenbuch. Firmenschrift 1978

[13] *Wells G.L., Rose L.M.;* The Art of Chemical Process Design, Elsevier, Amsterdam 1986

[14] *Futterer E., Munsch M.;* Flow-Sheeting-Programme für Prozeßsimulation. Chem.Ing.Techn. 62 (1990) 1, 9

[15] *Ferner H., Schnitzer H.;* Wärmeintegration in Industriebetrieben. Schriftenreihe Verfahrenstechnik, Techn. Univ. Graz 1990

Anhänge

Anhang 1: SI-Einheiten und ihre Beziehung zu den Basiseinheiten

Größe	Benennung d. Einheit	Einheitenzeichen	Bezeichnung d. Einheit zu Basiseinheit
Raum			
Länge	Meter	m	Basiseinheit
Fläche	Quadratmeter	m^2	$1\ m^2 = 1\ m \cdot 1\ m$
Volumen	Kubikmeter	m^3	$1\ m^3 = 1\ m \cdot 1\ m \cdot 1\ m$
Raum u. Zeit			
Zeit	Sekunde	s	Basiseinheit
Frequenz	Hertz	Hz	$1\ Hz = 1\ s^{-1}$
Geschwindigkeit	Meter je Sek.	m/s	$1\ m/s = 1\ m \cdot s^{-1}$
Beschleunigung	Meter je Quadratsekunde	m/s^2	$1\ m/s^2 = 1\ m \cdot s^{-2}$
Volumenstrom (Volumendurchfluß)	Kubikmeter je Sekunde	m^3/s	$1\ m^3/s = 1\ m^3 \cdot s^{-1}$
Mechanik			
Masse	Kilogramm	kg	Basiseinheit
Dichte	Kilogramm je Kubikmeter	kg/m^3	$1\ kg/m^3 = 1\ m^{-3} \cdot kg$
Spez. Volumen	Kubikmeter je Kilogramm	m^3/kg	$1\ m^3/kg = 1\ m^3 \cdot kg^{-1}$
Mol. Volumen	Kubikmeter je Mol	m^3/mol	$1\ m^3/mol = 1\ m^3 \cdot mol^{-1}$
Impuls	Kilogrammeter je Sekunde	kg m/s	$1\ kg\ m/s = 1\ m \cdot kg\ s^{-1}$

Anhänge

Größe	Benennung d. Einheit	Einheitenzeichen	Bezeichnung d. Einheit zu Basiseinheit
Drehimpuls	Kilogramm mal Quadratmeter je Sekunde	kg m²/s	$1 \text{ kg m}^2/\text{s} = 1 \text{ m}^2 \cdot \text{kg} \cdot \text{s}^{-1}$
Massenträgheitsmoment	Kilogramm mal Quadratmeter	kg m²	$1 \text{ kg m}^2 = 1 \text{ m}^2 \cdot \text{kg}$
Kraft	Newton	N	$1 \text{ N} = 1 \text{ m} \cdot \text{kg} \cdot \text{s}^{-2}$
Kraftmoment	Newtonmeter	Nm	$1 \text{ Nm} = 1 \text{ m}^2 \cdot \text{kg} \cdot \text{s}^{-2}$
Druck	Pascal	Pa	$1 \text{ Pa} = 1 \text{ N} \cdot \text{m}^{-2}$
Spannung			$= 1 \text{ m}^{-1} \cdot \text{kg} \cdot \text{s}^{-1}$
Oberflächenspannung	Newton je Meter	N/m	$1 \text{ N/m} = 1 \text{ kg} \cdot \text{s}^{-2}$
Dyn. Viskosität	Pascalsekunde	Pa · s	$1 \text{ Pa} \cdot \text{s} = 1 \text{ m}^{-1} \cdot \text{kg} \cdot \text{s}^{-1}$
Kinematische Viskosität	Quadratmeter je Sekunde	m²/s	$1 \text{ m}^2/\text{s} = 1 \text{ m}^2 \cdot \text{s}^{-1}$
Arbeit, Energie	Joule	J	$1 \text{ J} = 1 \text{ Nm} = 1 \text{ m}^2 \cdot \text{kg} \cdot \text{s}^{-2}$
Leistung	Watt	W	$1 \text{ W} = 1 \text{ J} \cdot \text{s}^{-1} = 1 \text{ m}^2 \cdot \text{kg} \cdot \text{s}^{-3}$

Elektrizität und Magnetismus

Größe	Benennung d. Einheit	Einheitenzeichen	Bezeichnung d. Einheit zu Basiseinheit
Elektrische Stromstärke	Ampere	A	Basiseinheit
Elektrizitäts- (el. Ladung)	Coulomb	C	$1 \text{ C} = 1 \text{ s} \cdot \text{A}$
Elektrische Leistung	Watt	W	$1 \text{ W} = 1 \text{ m}^2 \cdot \text{kg} \cdot \text{s}^{-3}$
Elektrische Spannung	Volt	V	$1 \text{ V} = 1 \text{ W} \cdot \text{A}^{-1} = 1 \text{ m}^2 \cdot \text{kg} \cdot \text{s}^{-3} \cdot \text{A}^{-1}$
Elektrische Feldstärke	Volt je Meter	V/m	$1 \text{ V/m} = 1 \text{ m} \cdot \text{kg} \cdot \text{s}^{-3} \cdot \text{A}^{-1}$
Elektrische Kapazität	Farad	F	$1 \text{ F} = 1 \text{ C/V} = 1 \text{ m}^{-2} \cdot \text{kg}^{-1} \cdot \text{s}^4 \cdot \text{A}^2$
Elektrisches Dipolmoment	Coulombmeter	C m	$1 \text{ C m} = 1 \text{ m s A}$

Größe	Benennung d. Einheit	Einheitenzeichen	Bezeichnung d. Einheit zu Basiseinheit
Elektrischer Widerstand	Ohm	Ω	$1\,\Omega = 1\,V/A$ $= 1\,m^2 \cdot kg \cdot s^{-3} \cdot A^{-2}$
Spez. elektr. Widerstand	Ohmmeter	$\Omega\,m$	$1\,\Omega\,m$ $= 1\,m^3 \cdot kg \cdot s^{-3} \cdot A^{-2}$
Elektrischer Leitwert	Siemens	S	$1\,S = 1/\Omega$ $= 1\,m^{-2} \cdot kg^{-1} \cdot s^3 \cdot A^2$
Elektrische Leitfähigkeit	Siemens je Meter	S/m	$1\,S/m$ $= 1\,m^{-3} \cdot kg^{-1} \cdot s^3 \cdot A^2$
Magnetischer Fluß	Weber	Wb	$1\,Wb = 1\,V \cdot s$ $= 1\,m^2 \cdot kg \cdot s^{-2} \cdot A^{-1}$
Magn. Induktion (magn. Flußdichte)	Tesla	T	$1\,T = 1\,Wb/m^2$ $= 1\,kg \cdot s^{-2} \cdot A^{-1}$
Magn. Spannung	Ampere	A	$1\,A = (A/m)\,m = 1\,A$
Induktivität	Henry	H	$1\,H = 1\,Wb/A$ $= 1\,m^2 \cdot kg \cdot s^{-2} \cdot A^{-2}$
Permeabilität	Henry je Meter	H/m	$1\,H/m$ $= 1\,m \cdot kg \cdot s^{-2} \cdot A^{-2}$
Magnetischer Widerstand	Ampere je Meter	A/m	$1\,A/m = 1\,m^{-2} \cdot A$

Wärme

Größe	Benennung d. Einheit	Einheitenzeichen	Bezeichnung d. Einheit zu Basiseinheit
Temperatur (thermodyn.)	Kelvin	K	Basiseinheit
Wärmemenge	Joule	J	$1\,J = 1\,m^2 \cdot kg \cdot s^{-2}$
Wärmekapazität	Joule je Kelvin	J/K	$1\,J/K$ $= 1\,m^2 \cdot kg \cdot s^{-2} \cdot K^{-1}$
Entropie	Joule je Kelvin	J/K	$1\,J/K$ $= 1\,m^2 \cdot kg \cdot s^{-2} \cdot K^{-1}$
Wärmestrom	Watt	W	$1\,W = 1\,m^2 \cdot kg \cdot s^{-3}$
Wärmeübergangskoeffiz. Wärmedurchgangskoeffiz.	Watt je Quadratmeter mal Kelvin	$W/m^2\,K$	$1\,W/m^2\,K$ $= 1\,kg \cdot s^{-3}\,K^{-1}$

Größe	Benennung d. Einheit	Einheitenzeichen	Bezeichnung d. Einheit zu Basiseinheit
Wärmeleitfähigkeit	Watt je Meter mal Kelvin	W/m K	$1 \text{ W/m K} = 1 \text{ m} \cdot \text{kg} \cdot \text{s}^{-3} \cdot \text{K}^{-1}$
Temperaturleitfähigkeit	Quadratmeter je Sekunde	m^2/s	$1 \text{ m}^2/\text{s} = 1 \dfrac{\text{W/m K}}{(\text{kg/m}^3)(\text{J/kg K})} = 1 \text{ m}^2 \cdot \text{s}^{-1}$

Physikalische Chemie

Größe	Benennung d. Einheit	Einheitenzeichen	Bezeichnung d. Einheit zu Basiseinheit
Stoffmenge	Mol	mol	Basiseinheit
Molare Masse (stoffmengenbezogene Masse)	Kilogramm je Mol	kg/mol	$1 \text{ kg/mol} = 1 \text{ kg} \cdot \text{mol}^{-1}$
Chem. Potential Affinität	Joule je Mol	J/mol	$1 \text{ J/mol} = 1 \text{ m}^2 \cdot \text{kg} \cdot \text{s}^{-2} \cdot \text{mol}^{-1}$
Molarität	Mol je Kubikmeter	mol/m^3	$1 \text{ mol/m}^3 = 1 \text{ m}^{-3} \cdot \text{mol}$
Molalität	Mol je Kilogramm	mol/kg	$1 \text{ mol/kg} = 1 \text{ kg}^{-1} \cdot \text{mol}$

Optische Strahlung

Größe	Benennung d. Einheit	Einheitenzeichen	Bezeichnung d. Einheit zu Basiseinheit
Lichtstärke	Candela	cd	Basiseinheit
Leuchtdichte	Candela je Quadratmeter	cd/m^2	$1 \text{ cd/m}^2 = 1 \text{ m}^{-2} \cdot \text{cd}$
Beleuchtungsstärke	Lux	lx	$1 \text{ lx} = 1 \text{ lm/m}^2 = 1 \text{ m}^{-2} \cdot \text{cd} \cdot \text{sr}$
Lichtmenge	Lumensekunde	lm s	$1 \text{ lm s} = 1 \text{ s} \cdot \text{cd} \cdot \text{st}$
Bestrahlung	Joule je Quadratmeter	J/m^2	$1 \text{ J/m}^2 = 1 \text{ kg} \cdot \text{s}^{-2}$
Exposition	Coulomb je Kilogramm	C/kg	$1 \text{ C/kg} = 1 \text{ kg}^{-1} \cdot \text{s} \cdot \text{A}$
Energiedosis	Gray	Gy	$1 \text{ Gy} = 1 \text{ J/kg} = 1 \text{ m}^2 \cdot \text{s}^{-2}$
Aktivität	Becquerel	Bq	$1 \text{ Bq} = 1 \text{ s}^{-1}$

Anhang 2: Umrechnungstabellen der alten europäischen Maßeinheiten auf die SI-Einheiten und umgekehrt

Arbeit, Energie, Wärmemenge

	J = Ws	cal	kcal = WE	kpm	kpcm
1 J = 1 Ws	1	0,238	0,000238	0,102	10,2
1 cal	4,19	1	0,001	0,427	42,7
1 kcal = 1 WE	4190	1000	1	427	42700
1 kpm	9,81	2,34	0,00234	1	100
1 kpcm	0,0981	0,0234	0,0000234	0,01	1

Leistung

	W	kW	PS	kpm/s
1 W	1	0,001	0,00136	0,102
1 kW	1000	1	1,36	102
1 PS	735,5	0,7355	1	75
1 kpm/s	9,81	0,00981	0,0133	1

Kraft

	N	kN	p	kp	Mp
1 N	1	0,001	102	0,102	0,000102
1 kN	1000	1	102000	102	0,102
1 p	0,00981	0,00000981	1	0,001	0,000001
1 kp	9,81	0,00981	1000	1	0,001
1 Mp	9810	9,81	1000000	1000	1

Druck

	Pa	bar	mbar	at	atm	Torr
1 Pa	1	0,00001	0,01	0,0000102	0,00000987	0,0075
1 bar	100000	1	1000	1,02	0,987	750
1 mbar	100	0,001	1	0,00102	0,00987	0,75
1 at	98100	0,981	981	1	0,968	736
1 atm	101300	1,013	1013	1,033	1	760
1 Torr	133	0,00133	1,33	0,00136	0,00132	1

Anhang 3: Einige wichtige physikalische Konstanten in SI-Einheiten

c	Lichtgeschwindigkeit im Vakuum	$2{,}99792458 \cdot 10^8$	m/s
g	Fallbeschleunigung	9,80665	m/s
N_A	Avogadro-Konstante	$2{,}6868 \cdot 10^{25}$	m/s
N_L	Loschmidtsche Zahl	$6{,}022169 \cdot 10^{26}$	m/s
R	allgemeine Gaskonstante	$8{,}31433 \cdot 10^3$ 0,0831433 8,31433	Nm/kmol K bar m³/kmol K J/mol K
T_0	absoluter Nullpunkt 0 K	– 273,15	°C
v	molares Volumen	22,41383	m³/kmol

Anhang 4: Bildungsenthalpien ausgewählter Stoffe

kJ/mol Temperatur °K ⟶

Komponente	Formel	Zustand	0	50	100	150	200	250	298,16	300	400	500	600	700
Sauerstoff	O_2	g	0	0	0	0	0	0	0	0	0	0	0	0
Wasserstoff	H_2	g	0	0	0	0	0	0	0	0	0	0	0	0
Hydroxyl	OH	g	41,87						42,12	42,13	42,16	42,12	42,02	41,88
Wasser	H_2O	g	-239,10						-241,99	-242,01	-243,00	-243,98	-244,90	-245,75
Stickstoff	N_2	g	0	0	0	0	0	0	0	0	0	0	0	0
Stickoxid	NO	g	-89,92		90,13		90,36	90,41	90,43	90,43	90,48	90,50	90,52	90,53
Kohlenstoff	C	s (Graphit)	0	0	0	0	0	0	0	0	0	0	0	0
Kohlenmonoxid	CO	g	-113,89					-111,36	-110,92	-110,60	-110,18	-110,59	-110,09	-110,24	-110,56
Kohlendioxid	CO_2	g	-393,43						-393,78	-393,85	-393,78	-393,94	-394,07	-394,26

Komponente	Formel	Zustand	800	900	1000	1100	1200	1300	1400	1500	1750	2000	2250
Sauerstoff	O_2	g	0	0	0	0	0	0	0	0	0	0	0
Wasserstoff	H_2	g	0	0	0	0	0	0	0	0	0	0	0
Hydroxyl	OH	g	41,71	41,53	41,34	41,16	40,98	40,81	40,66	40,51	40,16	39,84	39,53
Wasser	H_2O	g	-246,53	-247,25	-247,92	-248,53	-249,10	-249,63	-250,10	-250,54	-251,49	-252,29	-252,99
Stickstoff	N_2	g	0	0	0	0	0	0	0	0	0	0	0
Stickoxid	NO	g	90,54	90,56	90,57	90,59	90,61	90,63	90,65	90,67	90,67	90,65	90,58
Kohlenstoff	C	g	0	0	0	0	0	0	0	0	0	0	0
Kohlenmonoxid	CO	g	-111,00	-111,52	-112,07	-112,66	-113,28	-113,93	-114,62	-115,33	-117,19	-119,16	-121,17
Kohlendioxid	CO_2	g	-394,46	-394,88	-394,88	-395,08	-395,28	-395,47	-395,67	-395,88	-396,41	-397,03	-397,66

Bildungsenthalpien   kJ/mol

Komponente	Formel	0	100	150	200	250	298,10	300	350	400	450	500
Methan	CH₄	-66,93	-69,67	-70,82	-72,05	-73,45	-74,90	-75,0	-76,5	-78,0	-79,4	-80,8
Ethan	C₂H₆	-69,15	-74,88	-77,29	-79,71	-82,25	-84,72	-84,8	-87,3	-89,7	-91,9	-93,9
Propan	C₃H₈	-81,57	-90,10	-93,71	-97,11	-100,58	-103,94	-104,0	-107,3	-110,4	-113,1	-115,6
n-Butan	C₄H₁₀	-99,10			-118,11	-122,25	-126,23	-126,4	-130,3	-134,0	-137,2	-140,3
2-Methylbutan (Isobutan)	C₃H₁₀	-105,93			-126,32	-130,59	-134,61	-134,8	-138,7	-142,4	-145,6	-148,5
n-Pentan	C₅H₁₂	-114,01			-136,95	-141,77	-146,54	-146,7	-151,3	-155,7	-159,5	-163,0
2-Methylbutan (Isopentan)	C₅H₁₂	-120,62			-144,65	-149,85	-154,79	-154,8	-159,4	-163,8	-167,6	-171,2
2,2-Dimethylpropan (Neopentan)	C₅H₁₂	-131,05			-156,38	-161,40	-166,09	-166,3	-170,8	-174,9	-178,5	-181,8

Komponente	Formel	600	700	800	900	1000	1100	1200	1300	1400	1500
Methan	CH₄	-83,3	-85,4	-87,2	-88,6	-89,7	-90,6	-91,2	-91,8	-92,1	-92,4
Ethan	C₂H₆	-97,5	-100,4	-102,7	-104,5	-105,8	-106,8	-107,3	-107,7	-107,8	-107,7
Propan	C₃H₈	-120,0	-123,5	-126,1	-127,5	-129,4	-130,2	-130,5	-130,6	-130,4	-130,0
n-Butan	C₄H₁₀	-145,4	-149,5	-152,5	-154,7	-156,0	-156,7	-156,8	-156,6	-156,1	-155,5
2-Methylpropan (Isobutan)	C₃H₁₀	-153,5	-157,5	-160,4	-162,4	-163,8	-164,5	-164,5	-164,3	-163,8	-163,2
n-Pentan	C₅H₁₂	-169,0	-173,7	-177,1	-179,5	-180,9	-181,6	-181,5	-181,1	-180,3	-179,4
2-Methylbutan (Isopentan)	C₅H₁₂	-177,0	-181,5	-184,8	-187,0	-188,3	-188,7	-188,4	-187,8	-186,8	-185,5
2,2-Dimethylpropan (Neopentan)	C₅H₁₂	-187,0	-191,0	-193,8	-195,6	-196,6	-196,8	-196,4	-195,5	-194,4	-193,1

Anhang 5: Wärmeinhalt ausgewählter Stoffe

kJ/kmol für idealen Gaszustand

Komponente	Formel	0	100	150	200	250	298,16	300	350	400	450	500	600	700	800	900	1000	1100	1200
Methan	CH$_4$	0	3140	4991	6661	8353	10036	10103	11945	13913	16019	18275	23233	23768	34838	41395	48399	55768	63514
Ethan	C$_2$H$_6$	0	3395	5267	7302	9546	11958	12054	14846	17986	21403	25163	33561	23768	53424	64644	76535	89137	102242
Propan	C$_3$H$_8$	0	3534	5790	8399	11396	14704	14846	18799	23262	28223	33662	45762	43040	74358	90435	107475	125395	144110
n-Butan	C$_4$H$_{10}$	0			11020	15039	19448	19632	24853	30731	37246	44359	60189	59411	97402	118281	140425	163633	187853
2-Methylpropan (Isobutan)	C$_4$H$_{10}$	0			9646	13544	17903	18074	23300	29157	35739	42915	58908	77958	96338	117314	139462	162711	187066
n-Pentan	C$_5$H$_{12}$	0			13172	18129	23567	23789	30229	37480	45519	54303	73805	76785	119609	145261	172454	200937	230659
2-Methylbutan (Isopentan)	C$_5$H$_{12}$	0			12091	16781	22169	22383	28763	35990	44028	52837	72432	95660	118486	144403	171701	200464	230400
2,2-Dimethylpropan (Neopentan)	C$_5$H$_{12}$	0			10777	15583	21060	21277	27825	35286	43543	52628	72808	94496	119910	146119	173794	202725	232828

kJ/kmol für idealen Gaszustand

Komponente	Formel	Zustand	0	50	100	150	200	250	298,16	300	400	500
Kohlenstoffoxysulfid	COS	g	0							13816	18338	23027
Sauerstoff	O₂	g	0		2890,6	4341,7	5796,2	7253,6	8665,9	8719,4	11691	14754
Wasserstoff	H₂	g	0		3000,7	4348,4	5696,6	7093,7	8473,2	8526,4	11434	14359
Hydroxyl	OH	g	0	16,04					8818,2	8872,7	11847	14800
Wasser	H₂O	g	0						9913,1	9973,0	13373	16854
Stickstoff	N₂	g	0				5816,7	7272,9	8676,2	8729,9	11649	14591
Stickoxid	NO	g	0		3109,5	4698,4	6240,8	7757,3	9186,7	9239,4	12229	15257
Kohlenstoff	C	s (Graphit)	0		60,6	180,7	385,1	680,3	1053,2	1068,9	2105	3437
Kohlenmonoxid	CO	g	0		2903,1		5817,1	7274,6	8677,6	8732,0	11654	14612
Kohlendioxid	CO₂	g	0						9370,5	9437,0	13376	17681
Argon	Ar	g	0							6232,1	8316	10397

Komponente	Formel	Zustand	600	700	800	900	1000	1100	1200	1300	1400
Kohlenstoffoxysulfid	COS	g	28052	33277	38519	43961	49404	54847	60709	66570	72641
Sauerstoff	O₂	g	17916	21175	24518	27926	31388	34900	38450	42040	45655
Wasserstoff	H₂	g	17289	20229	23184	26159	29164	32205	35284	38406	41569
Hydroxyl	OH	g	17755	20712	23691	26701	29751	32842	35978	39167	42402
Wasser	H₂O	g	20441	24164	28008	31965	36040	40220	44506	48898	53394
Stickstoff	N₂	g	17576	20621	23733	26913	30155	33459	36814	40213	43649
Stickoxid	NO	g	18343	21506	24742	28054	31426	34850	38319	41834	45380
Kohlenstoff	C	s (Graphit)	5017	6791	8715	10758	12874	15056	17291	19594	21947
Kohlenmonoxid	CO	g	17625	20706	23865	27093	30384	33731	37129	40571	44049
Kohlendioxid	CO₂	g	22285	27136	32195	37425	42797	48295	53901	59595	65360
Argon	Ar	g	12479	14560	16443	18720	20800	22881	24962	27041	29121

Wärmeinhalt kJ/kmol für idealen Gaszustand

Temperatur °K →

Komponente	Formel	0	298,16	300	400	500	600	700	800	900	1000	1100	1200	1300	1400	1500
Methan	CH_4	0	10036	10103	13913	18275	23233	28768	34838	41395	48399	55768	63514	71594	79926	88467
Ethan	C_2H_6	0	11958	12054	17986	25163	33561	43040	53424	64644	76535	89137	102242	115891	129958	144445
Propan	H_3H_8	0	14704	14846	23262	33662	45762	59411	74358	90435	107475	125395	144110	163411	183298	203688
n-Butan	C_4H_{10}	0	19448	19632	30731	44359	60189	77958	97402	118281	140425	163633	187853	212869	238622	264899
n-Pentan	C_5H_{12}	0	23567	23789	37480	54303	73805	95660	119609	145262	172454	200937	230659	261311	292842	325000
n-Hexan	C_6H_{14}	0	27725	27997	44296	64309	87471	113450	141849	172316	204525	238334	273515	309806	347119	385227
n-Heptan	C_7H_{16}	0	31882	32192	51096	74295	101136	131210	164123	199371	236638	275101	316355	358306	401389	445392
n-Oktan	C_8H_{18}	0	36040	36387	57895	84280	114802	148971	186363	226426	268709	313047	359227	406789	455691	505556
n-Nonan	C_9H_{20}	0	40197	40595	64711	94287	128468	166731	208637	253444	300822	350393	402100	455273	509952	565720
n-Dekan	$C_{10}H_{22}$	0	44355	44790	71511	104272	142133	184521	230877	280499	332892	387781	444889	503756	564171	625927
n-Undekan	$C_{11}H_{24}$	0	48512	48998	78310	114279	155799	202281	253117	307516	364963	425128	487762	552239	618432	686133
n-Dodekan	$C_{12}H_{26}$	0	52666	53193	85126	124264	169465	220041	275391	334571	397076	462474	530593	600722	672735	746255
n-Tridekan	$C_{12}H_{28}$	0	56823	57388	91925	134250	183106	237802	297631	361626	429147	499820	573460	649205	726996	806461
n-Tetradekan	$C_{14}H_{30}$	0	60981	61596	98725	144256	196771	255562	319872	388644	461218	537166	616297	706104	781299	866584
n-Pentadekan	$C_{15}H_{32}$	0	65138	65791	105524	154242	210437	273352	342112	415699	493289	574596	659128	746171	835518	926832
n-Hexadekan	$C_{16}H_{34}$	0	69296	69999	112340	164246	224103	291112	364386	442716	525402	611943	701959	794655	889779	986996
n-Heptadekan	$C_{17}H_{36}$	0	73449	74194	119140	174237	237768	308873	386626	469772	557472	649289	744832	843138	944040	1047161
n-Oktadekan	$C_{18}H_{38}$	0	77611	78389	125939	184219	251434	326633	408866	496827	589543	686635	787705	892663	998432	1107325
n-Nonadekan	$C_{19}H_{40}$	0	81764	82597	132755	194226	265100	344394	431140	523844	621656	723981	830536	940146	1052603	1167489
n-Eicosan	$C_{20}H_{42}$	0	85922	86792	139554	204211	278765	362183	453380	550899	653727	761370	873366	989006	1106822	1237737

Konvektiver Impuls-, Wärme- und Stoffaustausch

von Michael Jischa

1982. XVI, 367 Seiten mit 113 Abbildungen. (Grundlagen der Ingenieurwissenschaften; hrsg. von Wilfried B. Krätzig, Theodor Lehmann und Oskar Mahrenholtz) Gebunden.
ISBN 3-528-08144-9

Inhalt: Die Bilanzgleichungen der Thermofluiddynamik – Laminarer Impulsaustausch – Laminarer Wärmeaustausch – Laminarer Stoffaustausch – Turbulenter Impulsaustausch – Turbulenter Wärme- und Stoffaustausch – Anhang.

Mit diesem Buch soll Studenten des Maschinenbaus, der Verfahrenstechnik und verwandter Richtungen eine Einführung in das Gebiet des Impuls-, Wärme- und Stoffaustausches gegeben werden.

Das erste Kapitel ist der Herleitung der Bilanzgleichungen gewidmet. Die folgenden drei Kapitel behandeln die molekularen Austauschvorgänge von Impuls, Energie und Materie, sie sind daher auf laminare Strömungen beschränkt. Am Anfang steht dabei die Behandlung des Impulsaustausches, da konvektive Wärme- und Stoffaustauschvorgänge immer mit gleichzeitigem Impulsaustausch verknüpft sind. Es werden analytische Lösungen (die ausgebildete Rohr- und Kanalströmung), ähnliche Lösungen der Grenzschicht-Gleichungen sowie Näherungslösungen mit Integralbedingungen behandelt. Letztere spielen bei vielen Anwendungen nach wie vor eine wichtige Rolle.

Die beiden letzten Kapitel sind den für die Praxis besonders wichtigen turbulenten Austauschvorgängen gewidmet. Sie werden ihrer Bedeutung entsprechend ausführlich behandelt. Das fünfte Kapitel ist besonders breit angelegt, da die ersten Abschnitte dieses Kapitels eine Einführung in die Theorie turbulenter Strömungen darstellen. In den Text sind Aufgaben eingestreut, die als Bestandteil desselben angesehen werden sollen. Am Ende eines jeden Kapitels wird Literatur zum Weiterstudium angegeben. Dem Charakter des Buches entsprechend wird auf eine umfangreiche Auflistung von Gebrauchsformeln verzichtet.

Verlag Vieweg · Postfach 58 29 · D-6200 Wiesbaden

Einführung in die Wärmeübertragung

Für Maschinenbauer, Verfahrenstechniker,
Chemie-Ingenieure, Chemiker, Physiker ab 4. Semester

von Ernst-Ulrich Schlünder

6., verbesserte Auflage 1989. VIII, 228 Seiten mit 108 Abbildungen.
Kartoniert.
ISBN 3-528-03314-5

Das Buch ist für eine Vorlesung von vier Semesterwochenstunden konzipiert. Diese Vorlesung – und somit das Buch – verfolgt zwei Ziele: Einmal soll sie demjenigen, der im Rahmen seines Studiums nur diese eine Vorlesung über dieses Fachgebiet hört, ein soweit abgeschlossenes Wissen vermitteln, daß er damit einfache praktische Probleme lösen kann. Zum anderen soll aus der Vorlesung verständlich werden, wie man von einer bestimmten Fragestellung zu einer bestimmten Lösung kommt.

Neu aufgenommen wurde die Theorie der Wärmeübertragung auf elementarer Basis. Sie lehrt, wozu die Lehre von der Wärmeübertragung in der Praxis benötigt wird. Außerdem ist ein Kapitel den physikalischen Grundvorgängen der Wärmeübertragung gewidmet. Sie liefern die Begründung der in der Praxis benutzten phänomenologischen Gesetze und zeigen vor allem die Grenzen ihrer Anwendbarkeit. Der Rest der Vorlesung, d. h. etwa 50 Prozent, ist dann den klassischen Standardfällen der Wärmeübertragung gewidmet. Übungsaufgaben mit Lösungsblättern beschließen den Text.

Prof. Dr. *E.-U. Schlünder* ist Leiter des Instituts für Thermische Verfahrenstechnik an der Universität Karlsruhe.

Verlag Vieweg · Postfach 58 29 · D-6200 Wiesbaden